安川工业机器人应用工程师精通系列

工业机器人编程高手教程

付少雄　编著

U0240795

机械工业出版社

本书从工业机器人集成项目的角度出发，介绍安川工业机器人的机器人本体和柜体，并以安川工业机器人 DX 系列柜体的硬件（电气图、各个单元）为例，对常用和特殊功能（如宏命令、中断程序、结构化语言等）、编程命令、机器人基板的使用等做了全面、深入浅出的讲解，同时结合具体的程序实例来介绍编程命令及参数设置，加深对编程命令的理解。

通过本书的学习，读者能更熟练、科学地操作安川工业机器人，掌握和编程作业相关的每一项具体操作方法，从而对安川工业机器人软件、硬件有一个全面的认识。

本书可供工业机器人项目集成设计、应用的工程师，以及高等院校机械、电气控制、自动化及机电一体化等专业师生使用。

图书在版编目（CIP）数据

工业机器人编程高手教程/付少雄编著. —北京：机械工业出版社，2019.2（2024.1重印）
安川工业机器人应用工程师精通系列
ISBN 978-7-111-61617-7

Ⅰ．①工…　Ⅱ．①付…　Ⅲ．①工业机器人—程序设计—教材
Ⅳ．①TP242.2

中国版本图书馆CIP数据核字（2018）第287730号

机械工业出版社（北京市百万庄大街22号　邮政编码100037）
策划编辑：周国萍　　责任编辑：周国萍　张丹丹
责任校对：王 欣　　责任印制：常天培
北京机工印刷厂有限公司印刷
2024年1月第1版第2次印刷
184mm×260mm・9印张・1插页・176千字
标准书号：ISBN 978-7-111-61617-7
定价：49.00元

电话服务　　　　　　网络服务
客服电话：010-88361066　　机 工 官 网：www.cmpbook.com
　　　　　010-88379833　　机 工 官 博：weibo.com/cmp1952
　　　　　010-68326294　　金 书 网：www.golden-book.com
封底无防伪标均为盗版　机工教育服务网：www.cmpedu.com

目前，中国制造业面临着向高端转变、承接国际先进制造、参与国际分工的巨大挑战，加快工业机器人技术的研究、开发与应用是抓住这个历史机遇的主要途径。工业机器人已广泛应用于点焊、弧焊、装配、喷漆、切割、搬运、包装、码垛等领域。工业机器人的普及是实现自动化生产、提高社会生产效率、推动企业和社会生产力发展的有效手段。

在发达国家中，工业机器人自动化生产线成套设备已成为自动化装备的主流及未来的发展方向。国外汽车行业、电子电器行业、工程机械等行业已经大量使用工业机器人自动化生产线，以保证产品质量，提高生产效率，同时避免工伤事故。

本书从工业机器人集成项目的角度出发，介绍安川工业机器人的机器人本体和柜体，并以 DX 系列柜体的硬件（电气图、各个单元）为例，对常用和特殊功能（如宏命令、中断程序、结构化语言等）、编程命令、机器人基板的使用等做了全面、深入浅出的讲解，同时结合具体的程序实例来介绍编程命令及参数设置，加深对编程命令的理解。

本书具有以下几方面的特点：

1. 采用来自一线的典型案例

本书使用的案例是已经完成并投入生产的项目，以实际的项目来做讲解，更容易理解和上手。

2. 章节按由易到难的方式编排

本书根据作者多年实践与研发经验，并结合读者的反馈信息，来安排各章节的内容、结构等，使其符合学习者的认知规律，并在每章最后安排知识扩展与提升。

3. 注重能力培养

本书的思想是授之以渔，让读者自己去实践，而不是纸上谈兵。

4. 内容全面，剪裁得当

书中内容全面具体，不留死角，适合有不同需求的读者。为了在有限的篇幅中，提高知识集中度，对所讲述的知识点进行了剪裁。具体采取的方法有两点：一，对安川工业机器人的软硬件逐一进行介绍，不对知识点进行重复性介绍；二，次要、生僻的知识点，只做简单说明，这样既节省了篇幅，也提高了读者的学习效率。

5. 例解与图解配合使用

本书最大的特点就是"例解＋图解"。所谓"例解"是指抛弃传统知识点铺陈的方法，直接让读者自己动手操作，使本书的操作性强，更容易上手，符合现在读者的需求，也避免枯燥。"图解"是指多图少字，图文结合，使本书的可读性大大提高。

通过本书的学习，读者能更熟练、科学地操作安川工业机器人，掌握和编程作业相关的每一项具体操作方法，从而对安川工业机器人软件、硬件有一个全面的认识。

为便于一线读者学习和理解，本书一些术语保留了企业习惯。

因编著者水平有限，书中难免有错漏和不当之处，恳请广大读者批评指正，并欢迎您对本书提出宝贵意见和建议。

编著者

目 录
CONTENTS

第 **1** 章

安川机器人概述

本章目标

★ 了解安川机器人的基本特点；

★ 清楚安川机器人的运动自由度；

★ 知道安川机器人的示教再现；

★ 学会安川机器人在实际应用中的选型步骤。

工业机器人行业有着深厚的历史基础，其在 20 世纪 50 年代萌芽于美国，经过不断的精进发展，相关衍生设备已被广泛地应用于人类社会诸多领域。正如计算机技术一样，机器人技术正日益改变着人们的生产方式，以及今后的生活方式。同时，工业机器人作为先进制造业中不可替代的重要装备，已成为衡量一个国家制造业水平和科技水平的重要标志之一。

目前我国经济社会发展正处于加速转型升级的重要时期，以工业机器人为主体的机器人产业，正是解决我国产业成本上升、环境制约等问题的重要途径。中国工业机器人市场近年来呈现迅猛的发展趋势，市场容量不断扩大。工业机器人产业的发展热潮带动机器人产业园不断设立，产业的发展急需大量高素质、高技能的专业人才，人才短缺已经成为产业发展的瓶颈。

我国机器人工业相对于欧美等国家起步晚，基础薄弱，技术不够成熟。正因如此，更要"师夷长技以自强"，结合中国国情发展出具有中国特色的机器人工业。

众所周知，工业机器人行业中日本、美国、韩国、欧洲是全球工业机器人市场的传统领导者，素有工业机器人"四大家族"之称的发那科和安川（日本）、ABB（瑞士）、库卡（德国）的商标如图 1-1 所示。

各大品牌厂家在经历了大浪淘沙般的时代变革依旧屹立不倒，其背后原因值得深思。本章将对其中进入中国市场较晚、发展潜力巨大的日本安川工业机器人（以下简称安川机器人）进行概述。

安川电机创立于 1915 年，是日本最大的工业机器人公司，其总部位于福冈县北九州市。1977 年，安川电机运用自助研发的运动控制技术生产了日本第一台全电气化的工业用机器人，此后相继开发了焊接、装配、喷漆、搬运等各种各样的自动化作业机器人，并一直引领着全球产业用机器人市场。安川机器人如图 1-2 所示。

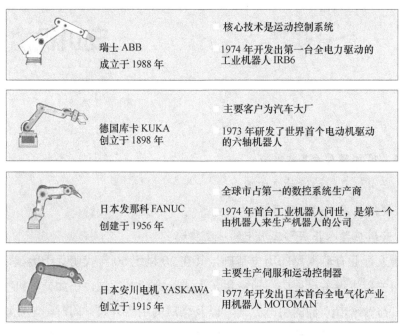

	核心技术是运动控制系统
瑞士 ABB 成立于 1988 年	1974 年开发出第一台全电力驱动的工业机器人 IRB6
德国库卡 KUKA 创立于 1898 年	主要客户为汽车大厂 1973 年研发了世界首个电动机驱动的六轴机器人
日本发那科 FANUC 创建于 1956 年	全球市占第一的数控系统生产商 1974 年首台工业机器人问世，是第一个由机器人来生产机器人的公司
日本安川电机 YASKAWA 创立于 1915 年	主要生产伺服和运动控制器 1977 年开发出日本首台全电气化产业用机器人 MOTOMAN

图　1-1

图　1-2

安川电机公司生产的伺服和运动控制器均为制造工业机器人的关键零件。安川电机掌握的核心科技源于近百年企业专业电气技术的历史底蕴，这让安川电机在机器人开发方面有着独特优势。安川电机的核心工业机器人产品包括点焊和弧焊机器人、喷漆和后期处理机器人、LCD玻璃板搬运机器人和半导体芯片搬运机器人等。安川电机是将工业机器人应用到半导体生产领域最早的厂商之一。

安川电机以制造电机起家，把电机惯量控制技术做到了世界一流水平。安川机器人最大的特点就是负载大，稳定性高，可在满负载、满速度甚至过载状态下运行。因此，安川在重负载机器人应用领域（如汽车行业）份额较大，但在精度方面略逊于其他三大家族品牌。

1.1　本体

什么叫机器人本体呢？

在弄清楚这个问题之前，要先学会区分机械臂和工业用机器人。

机械臂是指以相互连接的关节构成，以抓取或移动对象（如产品、工具等）为目的的机械。

工业用机器人是指安装了自动化控制、再生程序等辅助功能软件系统，拥有3轴以上操作功能的机械，具有机械臂及记忆装置，根据记忆装置的信息控制机械臂伸缩、回转、上下移动，或能自动执行以上复合动作。

本体就是机械臂，一般来说，机器人在空间内能移动到任意位置，可做任意的姿势。

所以，互相独立的3个自由度，能在空间内移动到任意的位置上；要想在空间内能取得任意的姿势，共需要6个自由度。自由度在业界统称为轴，有多少个自由度的机器人就叫多少轴机器人。

下面以标准6轴MH系列安川机器人的轴为例介绍机器人轴的构成，如图1-3所示。

基本3轴：S轴（旋转，Swing）、L轴（下臂，Lower Arm）、U轴（上臂，Upper Arm）。

手腕3轴：R轴（手腕旋转，Wrist Rotation）、B轴（手腕弯曲，Wrist Bending）、T轴（手腕转动，Wrist Turning）。

如前文所述，要想在空间内取得任意的位置和姿势，必须配置6个轴。但是一些特殊情况除外，如使用机器人搬运、堆叠工件时，则不需要旋转、颠覆工件，这时虽然6轴机器人也可以完成相关任务，但4轴、5轴机器人的完成度会更专业和高效。所以在选型过程中，需要从多个方面综合考虑衡量，选择最合适的机器人完成工作。

要让机器人顺利转动需要什么软硬件呢？使机器人转动所需的四大要素：①伺服电动机；②电动机的驱动程序（伺服包）；③减速机；④机械臂（承担本体和负载总重量的铸铁构件），如图1-4所示。

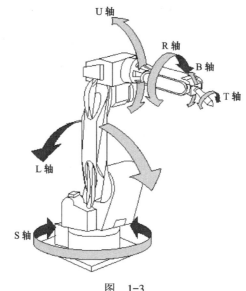

图　　1-3

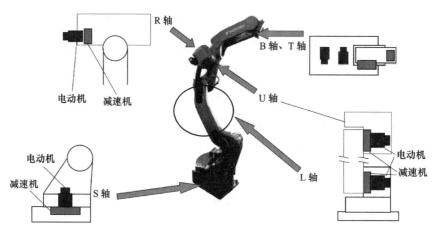

图　　1-4

减速机前后速度与力度的关系如图 1-5 所示。

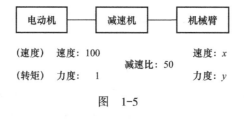

图　　1-5

根据图 1-5 所示数据，计算公式如下：

速度：$x=100/50=2$；

力度：$y=1×50=50$。

另外，在安川机器人中，使用以下减速比：

基本 3 轴：150 左右；

手腕 3 轴：50～100。

安川机器人电动机转一圈是 4096 个脉冲。

如图 1-6 所示，安川机器人的构造可大致分为以下几大类：

安川机器人 $\left\{\begin{array}{l}\text{水平多关节型——液晶、半导体基板搬运系列} \\ \text{垂直多关节型——MH 系列、MPL 系列、MS 系列、MA 系列等} \\ \text{其他——如双臂、蜘蛛形等}\end{array}\right.$

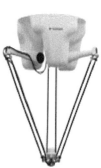

液晶玻璃面板搬运机器人　　　　MH12 机器人　　　　双臂机器人　　　　蜘蛛形机器人

图　1-6

1.2　柜体

机器人柜体是机器臂控制的中枢系统。

工业机器人的控制技术是在传统机械系统的控制技术基础上发展起来的，因此两者之间并无本质差异。但是工业机器人的控制系统也有许多特殊之处，其特点如下：

1）工业机器人有若干个关节，典型工业机器人有五六个关节，每个关节由一个伺服系统控制，多个关节的运动要求各个伺服系统协同工作。

2）工业机器人的工作任务是要求机器人的手部（第六轴）进行空间点位运动或连续轨迹运动，对工业机器人的运动控制需要进行复杂的坐标变换运算，以及矩阵函数的逆运算。

3）工业机器人的数学模型是一个多变量、非线性和变参数的复杂模型，各变量之间还存在着耦合关系，因此工业机器人的控制中经常会使用到前馈、补偿、解耦合自适应等复杂控制技术。

4）较高级的工业机器人（自学习功能）能对环境条件、控制指令进行测定和分析，利用计算机建立庞大的信息库，用人工智能的方法进行控制、决策、管理和操作，按照既定的要求，自动选择最佳控制规律。

安川机器人控制柜（以 DX200 为例）的外部结构如图 1-7 所示。其内部结构如图 1-8 所示。

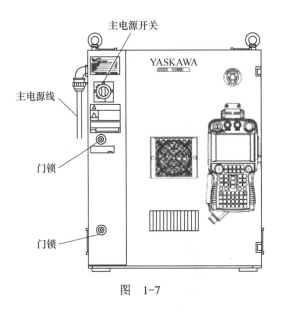

主电源开关

主电源线

门锁

门锁

图 1-7

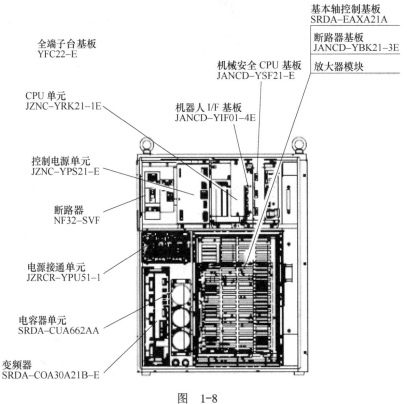

全端子台基板
YFC22-E

CPU 单元
JZNC-YRK21-1E

控制电源单元
JZNC-YPS21-E

断路器
NF32-SVF

电源接通单元
JZRCR-YPU51-1

电容器单元
SRDA-CUA662AA

变频器
SRDA-COA30A21B-E

基本轴控制基板
SRDA-EAXA21A

断路器基板
JANCD-YBK21-3E

放大器模块

机械安全 CPU 基板
JANCD-YSF21-E

机器人 I/F 基板
JANCD-YIF01-4E

图 1-8

工业机器人控制系统的基本功能包括:

1) 对工业机器人的位置、速度、加速度等具有控制功能,对于连续轨迹运动的工业机器人,还必须具有轨迹的规划与控制功能。

2) 方便的人机交互功能。操作人员采用指令代码对工业机器人进行作用指示,所以工业机器人需具有作业指示的记忆、修正和运行程序跳转等功能。

3）具有对外部环境（包括作业条件）的检测和感知功能。为使工业机器人具有适应外部状态变化的能力，工业机器人应能做到对诸如视觉、力觉、触觉等有关信息进行收集、测量、识别、判断和理解等工作。在自动化生产线中，工业机器人应有与其他设备交换信息、协调工作的能力。

在满足以上要求的同时，因安川机器人的控制系统具有亚洲思维（库卡和西门子为欧洲思维）的编程方式，上手更快，对信息的交互更具人性化，其界面如图1-9所示。

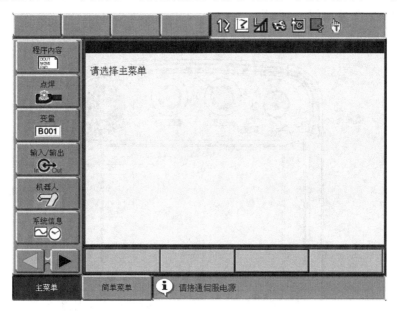

图 1-9

安川机器人控制柜的特征如下：

1）一般机械以控制自身为中心，但工业用机器人把重点放在对象物体上。

2）编程手段采用示教（Teaching）方式，会忠实地按照示教再现动作，被称为示教再现方式。

3）考虑到机械臂本身的多轴性、低刚性、惯性等本体特征差异比较大，所以要求采用动作控制的编程方式。

在安川机器人中：

1）示教记录机器人动作或有目的的工作内容称为"示教"。

2）重现记忆数据并按照示教的条件动作的称为"再现"。

这就是常说的示教再现。示教再现是机器人普遍采用的编程方式，典型的示教过程是依靠操作员观察机器人及其夹持工具相对于作业对象的姿态，通过对示教器的操作，反复调整示教点处机器人的作业姿态、运动参数和工艺条件，然后将满足作业要求的这些数据记录下来，再转入下一程序点的示教。除此之外的编程方式就是离线示教编程，安川机器人离线编程软件是MotoSimEG-VRC。

在使用安川机器人的过程中进行示教再现需要使用示教编程器。示教编程器（以下简称示教器，安川机器人官方称为PP）是应用工具软件与用户（机器人）之间的接口操作装置，是用户进行示教编程的工具。示教器通过电缆与控制柜连接。在机器人点动进给、程序创建、程序的测试执行、操作执行和姿态确认等操作时都会使用示教器。

安川机器人示教器有以下特点：

1）装有用来控制动作的操作键。

2）装有 LCD 显示装置，能显示登录在储存器中的各种情报、系统的动作状态等。

安川机器人示教器如图 1-10 所示。

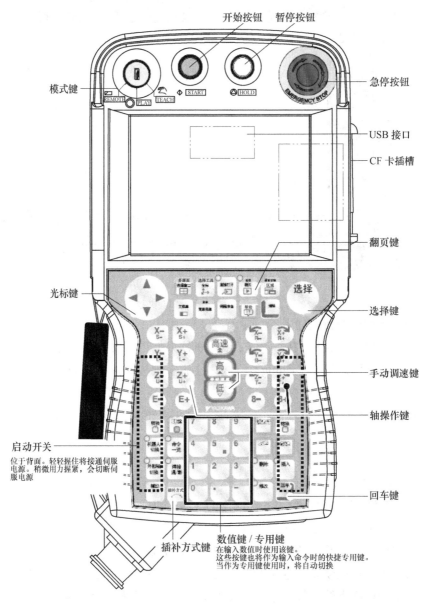

图　1-10

1.3 安川机器人的选型

在购买家电或汽车等产品时，常会先看产品目录，确认它的规格后再做选择。规格大都以表的形式呈现，通常被称作规格表。如果读懂了规格表，就能够了解这个产品的主要功能及特点，从而根据自己的需求进行选型。

同样的道理，对于机器人，读懂了目录或外形图上规格表所记载的内容，就能了解机械臂的主要规格。通过比较安川机器人与其他机器人的不同之处，甚至能知道怎样选择机械臂。下面将对规格表的内容进行说明。

规格表内记载了机械臂的规格。不同的制造方所记载的内容多少有些差异，图 1-11 所示为安川机器人的规格表。

①构造	动作形态	垂直多关节	⑦容许负载	容许力矩	R 轴	50.0N·m(5.1kgf·m)
②轴数	控制轴	6			B 轴	50.0N·m(5.1kgf·m)
③可搬运质量	可搬运质量	24kg			T 轴	30.4N·m(3.1kgf·m)
④精度	重复定位精度	±0.06mm		容许惯性矩($GD^2/4$)	R 轴	2.1kg·m²
⑤动作范围	动作范围	S 轴（旋转）$-180°\sim+180°$			B 轴	2.1kg·m²
		L 轴（下臂）$-105°\sim+155°$			T 轴	1.1kg·m²
		U 轴（上臂）$-170°\sim+240°$		机器人质量		268kg
		R 轴（手腕旋转）$-200°\sim+200°$	⑧设置环境	设置环境	温度	0～45℃
		B 轴（手腕弯曲）$-150°\sim+150°$			相对湿度	20%～80%（不应有结露现象）
		T 轴（手腕回转）$-455°\sim+455°$			振动	4.9m/s²(0.5g)以下
⑥动作速度	最大动作速度	S 轴 3.44rad/s,197°/s			其他	①无可燃性、腐蚀性的气体、液体 ②无水、油、粉尘等挥发性物体 ③不接近电气噪声源
		L 轴 3.32rad/s,190°/s				
		U 轴 3.67rad/s,210°/s				
		R 轴 7.16rad/s,410°/s				
		B 轴 7.16rad/s,410°/s	⑨电源容量	电源容量		2.0kV·A
		T 轴 10.82rad/s,620°/s				

图 1-11

1. 机械臂结构

如图 1-11 所示，机械臂按构造不同分为以下两类：

1）垂直多关节型，如 MH、MA、MS 型等。

2）水平多关节型，如液晶、半导体基板搬运系列。

图 1-11 示出了机械臂所有的轴数（或自由度），通用机器人是 6 轴，但是限定用途的机器人也有 2～7 轴的，如图 1-12 所示。

图 1-12

2. 可搬运质量

可搬运质量表示机械臂（严格地说是手腕末端部分）可拿起的最大质量。需要注意的是，例如 MH12 的末端最多能拿起 12kg 重物，这里的质量指的是包含工件和机械手的质量，如果在实际生产中搬运净重 12kg 的工件，会出现报错甚至发生车间事故。

此外，MH50 Ⅱ 以上的大型机型手腕端部附近设有螺纹底座（其他品牌机器人也有同样的设计理念），可以在螺纹底座安装用于配线、配管的中转箱等，这种情况下中转箱的质量也包含在可搬运质量内。换句话说，当 MH50 Ⅱ 的螺纹底座被装上了 5kg 的中转箱时，手腕端部就只剩下 45kg 负重了，如图 1-13 所示。

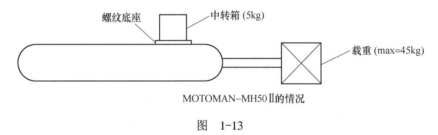

MOTOMAN–MH50 Ⅱ 的情况

图 1-13

另外，即使荷重在目录的规格以内（MH50 Ⅱ 的情况：50kg），也不能保证机械臂可以负担此荷重，必须考虑手腕轴周围的力矩与惯性力矩的合力矩。

3. 重复定位精度

重复定位精度是当机械臂转动到被示教的某一点时，该空间点重复到达的允许误差。安川机器人重复定位精度如下：

MH5F——±0.02mm；

MHJ、MH3F、MH5LF——±0.03mm；

MH6F、MH12——±0.08mm；

MH20F、MH24——±0.06mm；

MH50 Ⅱ、MH80 Ⅱ、MH110——±0.07mm；

MH180、MH225、MH250 Ⅱ——±0.20mm；

MH400 Ⅱ、MH600——±0.30mm。

4. 设置环境及电源容量

1）温度：0 ～ 45℃；相对湿度：20% ～ 80%。

温度和湿度数值主要由编码器电子元件正常工作的外部环境要求决定。

2）振动：4.9m/s^2（0.5g）以下。

记录着机械臂手腕末端的容许振动值。

3）其他。记录温度、湿度、振动以外的设置条件。

4）电源容量。记录机械臂在进行某设定动作模式时的电源容量。

5. 机器人动作范围

机器人动作范围表示机械臂各轴的动作范围。不同的制造方，标记的方法也不太相同，但表达的意思大同小异，如图 1-14 所示。

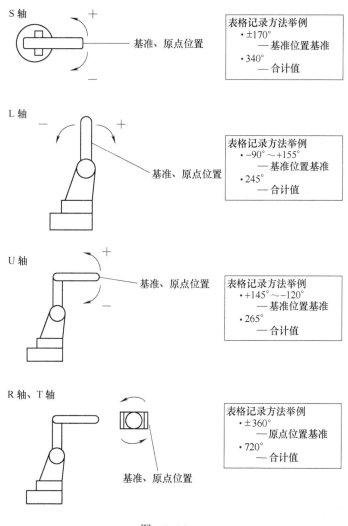

图 1-14

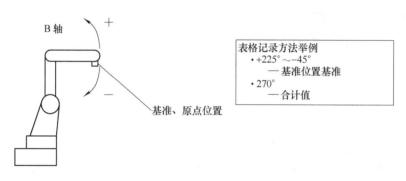

图 1-14（续）

特别说明：容许负载表示机械臂的手腕轴（R、B、T 轴）能够容许的力矩和惯性力矩。当考虑机械臂的负载时，必须满足前述的可搬运质量、力矩及惯性力矩这三个条件。

6. 动作速度

动作速度表示机械臂的各轴单独动作时的最大速度。

关于 rad 和 °（度）

$180° = \pi$ rad=3.14rad

  $1° = \pi/180$rad

1rad=180°$/\pi$=57.3°

举例：

120°$/s$=120$\pi/180$rad/s

        =2.09rad/s

关于 N·m 和 kgf·m

计算过程中，单位一定要保持一致

N：SI 单位制中的力的单位

kgf：重力单位制中的力的单位

1kgf=1kg×9.8m/s^2

     =9.8kg·m/s^2

     =9.8N

1.4   知识扩展与提升

1. 力矩的计算

力矩指的是什么？力矩在物理学里是指作用力使物体绕着转动轴或支点转动的趋向。

发生在某个点（轴）周围，由于重力的不平衡量，所做出的以下定义：

$$力矩（N \cdot m）＝重力（N）\times 长度（m）$$

以下是简单说明，如图 1-15 和图 1-16 所示。

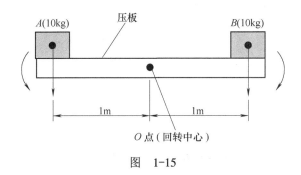

图　1-15

在图 1-15 中：

1）由 A 所造成的 O 点周围的力矩（不平衡）为 M_1。

$$M_1=（10kg\times9.8m/s^2）\times1m=98N \cdot m$$

2）由 B 所造成的 O 点周围的力矩（不平衡）为 M_2。

$$M_2=（10kg\times9.8m/s^2）\times1m=98N \cdot m$$

因为 $M_1=M_2$，所以这个压板的工作力矩能够保持平衡。

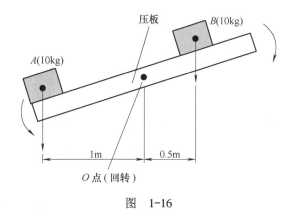

图　1-16

在图 1-16 中：

1）由 A 所造成的 O 点周围的力矩（不平衡）为 M_1。

$$（10kg\times9.8m/s^2）\times1m=98N \cdot m$$

2）由 B 所造成的 O 点周围的力矩（不平衡）为 M_2。

$$（10kg\times9.8m/s^2）\times0.5m=49N \cdot m$$

因为 $M_1>M_2$，所以在这个压板上工作的力矩不能得到平衡，会向 A 侧回转。把以上的原理试用在机械臂上，以 MH6 的 B 轴为例，因为 MH6 的 B 轴的容许力矩是 9.8N·m，前端的重力是58.8N（质量为6kg）时，从回转中心到负载的中心位置的最大距离L可以按图1-17所示方法求出。

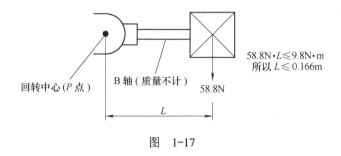

图   1-17

通过上述讲解，考虑力矩时的距离因素包括重力和直角方向，即考虑水平方向的距离，如图1-18所示。

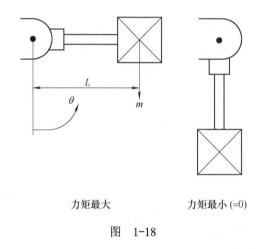

图   1-18

如图1-18所示，B轴为水平时，力矩将会达到最大，图中的B轴为正上方或正下方时，力矩会最小（=0）。像这样，力矩是从垂直方向的角度，可以求得如下：

$$M = mL\sin\theta$$

另外，如图的1-19所示情况下考虑最大力矩时，必须要注意距离L。

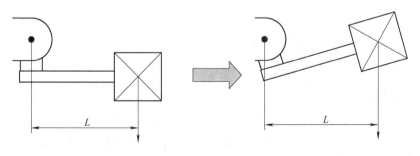

图   1-19

在安川机器人使用说明书中，都记载了类似于图 1-20 所示的容许手腕力矩（B、T 轴）一览图，它表示机械手及工件的重心位置可用在画有斜线的范围内。

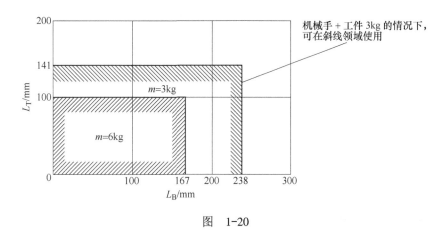

图　1-20

2. 惯性力矩的计算

那么惯性力矩是指什么？用一句话来概括就是"旋转难度"量，定义式如下：

$$惯性力矩（kg \cdot m^2）= 质量（kg）\times 回转半径的平方（m^2）$$

如图 1-21 所示，同样大小、质量的圆盘以两种方法旋转时，图 b 情况比图 a 情况更难旋转，所以需要多余的力量。更有同样重量、重心周围旋转时，因为形状不同，旋转难度也不同，如图 1-22 所示。

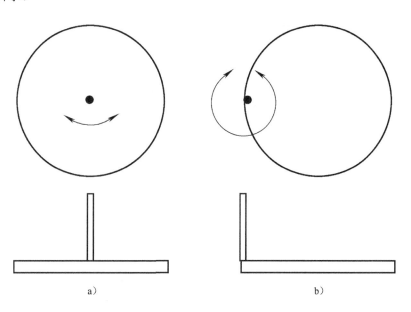

图　1-21

a）旋转难度小　b）旋转难度大

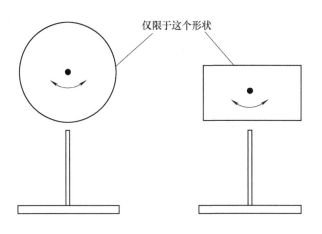

图　1-22

总之，惯性力矩可以用以下方式来表示：

$$I=I'+e^2m$$

式中　I——惯性力矩（kg·m²）；

　　　I'——物体重心周围的惯性力矩（kg·m²）；

　　　e——被旋转轴和重心间的距离（m）；

　　　m——物体的质量（kg）。

若要仅以物体的形状来判断是否关系到其旋转难度，就要考虑旋转轴横截面的形状。如图 1-23 所示。

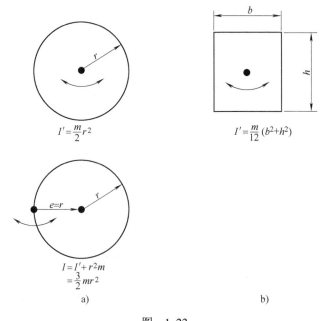

图　1-23
a）圆形　b）矩形

如图 1-24 所示，在安川机器人中，P 点周围的惯性矩（=B 轴的惯性矩）如何计算？

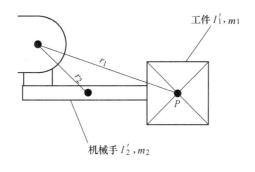

图　1-24

几个形状各异的物体所组合成的物体的惯性矩，可用各惯性力矩的和来求出。即

$$I= (I_1'+r_1^2m_1) + (I_2'+r_2^2m_2)$$

可以不计质量的情况比较多
$$=r_1^2m_1+r_2^2m_2$$

如图 1-25 所示，安川机器人 MH12 的 B 轴容许惯性力矩是 $0.65\text{kg} \cdot \text{m}^2$，最大距离 L 的计算式为

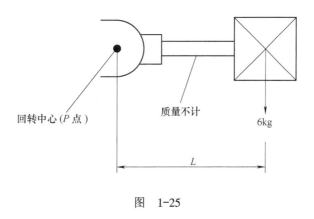

图　1-25

$$L^2 \times 6\text{kg} \leqslant 0.65\text{kg} \cdot \text{m}^2$$
$$L \leqslant 0.329\text{m}$$

图 1-25 可以忽略工件自身的惯性力矩 I'，但在压力机间搬运多个边角的工件物体时，便不能忽略，如图 1-26 所示。

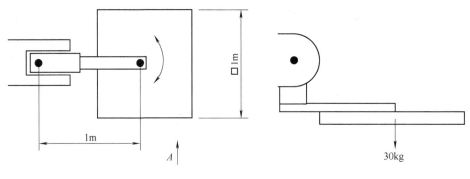

图　1-26

当不计工件自身的惯性力矩时

$$I = 1^2 \times 30 \text{kg} \cdot \text{m}^2$$

$$= 30 \text{kg} \cdot \text{m}^2$$

当考虑工件本身的惯性力矩时

$$I = 1^2 \times 30 \text{kg} \cdot \text{m}^2 + 30/12 \times (1^2 + 1^2) \text{kg} \cdot \text{m}^2$$

$$= (30 + 5) \text{kg} \cdot \text{m}^2$$

$$= 35 \text{kg} \cdot \text{m}^2$$

 关于惯性力矩和惯量（GD）

惯性力矩：SI 单位制为 kg·m²

惯量：重力单位制为 kgf·m²

1 kg·m² = 1/9.8 kgf·m²

第 2 章

安川机器人控制柜

本章目标

★ 了解安川机器人控制柜的基本知识；

★ 清楚安川机器人控制柜之间的区别；

★ 掌握安川机器人控制柜中各 PBC 的作用。

安川机器人经过多年发展，控制柜已逐渐升级，如 XRC、NX100、NXC100、DX100、DX200、FS100、YRC1000 等。无论怎样变迁，其功能不变，都是为机器人提供控制功能，只是越来越人性化，上手更快，也对使用者的要求越来越低，如图 2-1 所示。

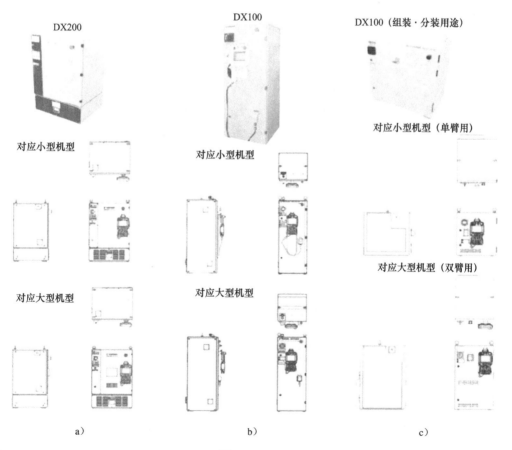

图 2-1

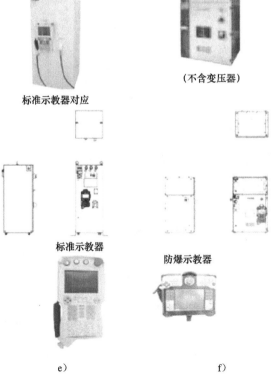

图　2-1（续）

2.1 DX 系列控制柜

DX 系列控制柜目前是安川机器人市场占有率较高的系列。DX200 比原来的 DX100 拥有更加完美的外形，变压器可配置在柜底，大大节省了空间。DX200 有专为小型机器人服务的尺寸（$W\,600\text{mm}\times H\,950\text{mm}\times D\,520\text{mm}$）和专为大型机器人服务的尺寸（$W\,600\text{mm}\times H\,950\text{mm}\times D\,640\text{mm}$）。同时，DX200 采用可堆叠的低地台基板，在不带有变压器时，通过堆叠可实现设置空间的最小化。DX100 和 DX200 的硬件特征与规格见表 2-1。

表 2-1

项　目		DX100	DX200
控制柜本体	构造，防护等级	防尘构造，IP54	
	外形尺寸（标准机柜）	$W\,425\text{mm}\times H\,1200\text{mm}\times D\,450\text{mm}$ 229L（无变压器）	$W\,600\text{mm}\times H\,950\text{mm}\times D\,520\text{mm}$ 227L（变压器可安装于柜底）
	冷却方式	间接冷却	
	质量范围	100kg（不可内置变压器）及 HP20D（外部 3 轴）、MH50 以上（外部 2 轴）	100kg 以下（可内置变压器，可内置外部 3 轴）
	环境温度	通电时：0～45℃，保存时：–10～60℃	
	相对湿度	≤90%（无结露）	
	电源规格	3 相 AC200V/220V（+10%，–15%）50Hz/60Hz	3 相 AC380V/400V（+10%，–15%）50Hz/60Hz
	变压器，EMI 滤波器	可内置	
	接地	D（接地电阻 100Ω 以下专用接地）	
	输入 / 输出信号	专用信号：输入 23（内 DIN5）/ 输出 5 通用信号：输入 40/ 输出 40 最大（OP）：输入 2048/ 输出 2048	专用信号：输入 28（内 DIN6）/ 输出 7 通用信号：输入 40/ 输出 40 最大（OP）：输入 4096/ 输出 4096
	存储容量	JOB：200000 步 机器人命令：10000 个 CIO 梯形图：20000 步	
	扩展槽	PCI 2 个（主 CPU 机架）	
	Ethernet	1 个 10BaseT/100BaseTX+1 个示教器	
	串行 I/F	RS232C 1 个	
	驱动单元	机器人轴：AC 伺服用 8 轴综合驱动单元（安装标准 6 轴部分 AMP，每轴的 AMP 均可更换）	机器人轴：AC 伺服用 9 轴综合驱动单元（安装标准 6 轴部分 AMP，每轴的 AMP 均可更换）
	外部轴个别控制	可对应 3 个系统	
	制动电压	DC24V	
	制动继电器寿命	100 万次（SSR）	

项　目		DX100	DX200
控制柜本体	瞬间停电保护时间（电压下降100%）	3 个周期 瞬间停电后制动开始	
	辅助记忆	CF 卡，USB 存储（示教器上安装插槽）	
	涂装颜色	烤漆：色卡 5Y7/1	亚光 前面板部分及变压器：深灰色（相当于色卡 N3.0） 本体：浅灰色（相当于色卡 5Y7/1）
	零件更换时间	10min 以内	
	安全规格	分类 4 PL-e	标准：分类 3 PL-d
	功能安全	支持选配 （附加机箱中追加功能安全单元）	支持选配 （标准机柜上可追加功能安全单元）
	JOB 容量	JOB：200000 步 命令：10000 个	
	CIO 梯形图	20000 步	
	输入 / 输出信号	标准：输入 40/ 输出 40 扩展：输入 2048/ 输出 2048	标准：输入 40/ 输出 40 扩展：输入 4096/ 输出 4096
	梯形图扫描周期	4ms	
	工具文件数	64	
	客户坐标文件数	63	
	功能安全（区域切换）	支持（最大 4 区域）	支持（最大 32 区域）
	功能安全（工具切换）	无	支持（最多 32 种）
	功能安全（带输出）	无	支持（最多 32 带）
	安全现场总线支持	无	PROFIsafe DeviceNET Safety EthernetIP Safety
	功能安全（速度监视）	250mm/s 速度监视	可设定任意速度

DX100 及 DX200 电路总图见附录 A、B。

2.2　DX100 控制柜 PCB 详解

　　在机器人控制柜中有由若干块电路板组成的印制电路板（英文简称 PCB），它是重要的电子部件，是电子元器件的支撑体，是电子元器件之间电气连接的提供者。每一块电路板都有其特定的作用，下面以 DX100 控制柜为例说明。DX100 外部结构图如图 2-2 所示。

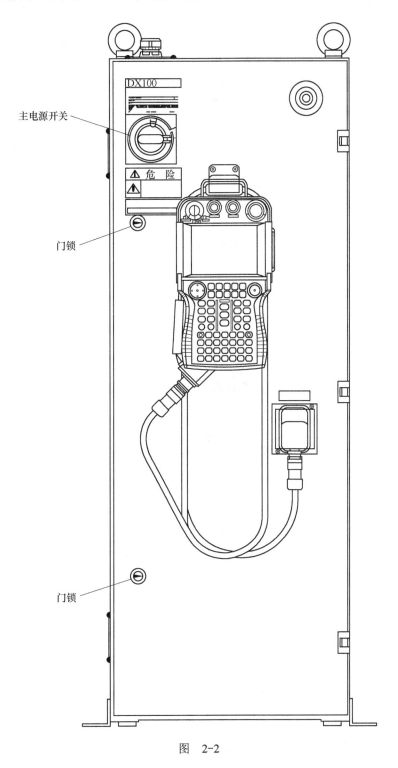

图　2-2

DX100 内部结构图如图 2-3 所示。

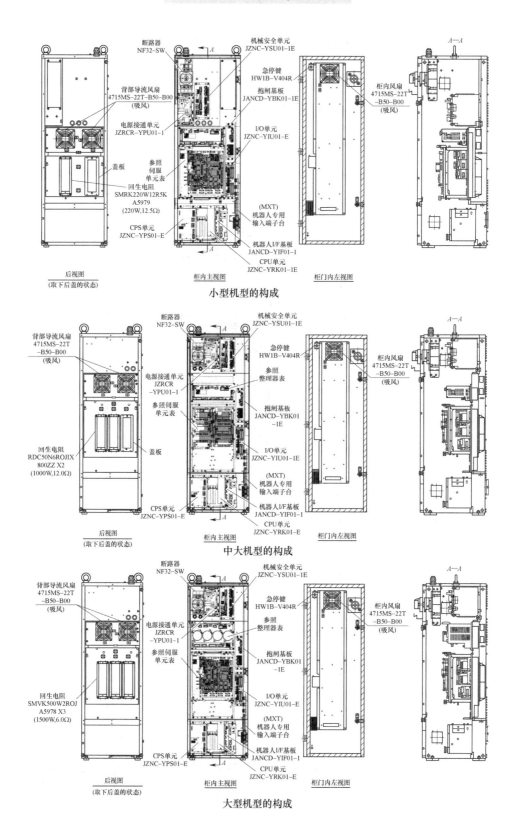

图 2-3

2.2.1 电源输入部件

电源输入部件由电源输入板（JARCR-YPC01-1）、伺服专用连接头（1KM、2KM）和线路滤波器（1Z）组成。根据电源输入板上的伺服电源控制信号，伺服电源的接头进行开 / 关操作，从而向伺服组供电（三相 200V/220V 交流电）。另外，电力（单相 200V/220V 交流电）经由线路滤波器供给控制电源，如图 2-4 所示。

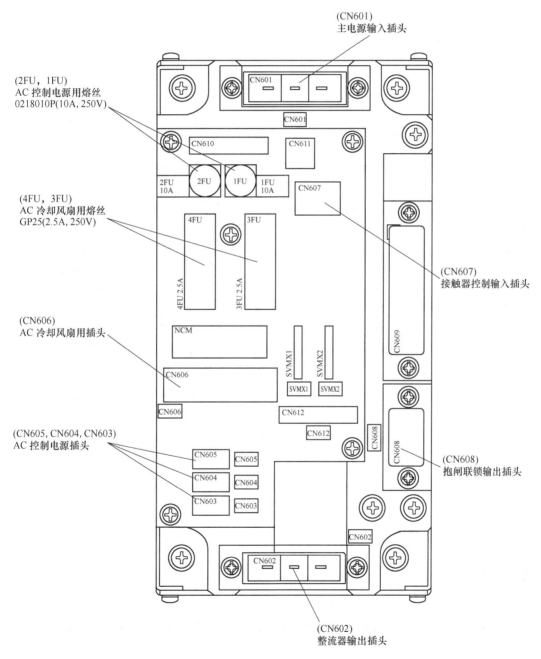

图　2-4

2.2.2 基本轴控制板

基本轴控制板（SRDA-EAXA01□）的功能是控制机器人本体 6 个轴的伺服电动机、转换器、PWM 放大器和电源输入板。

一般选择安装的外部轴控制板（SRDA-EAXB01□）可以最多控制 9 个轴（包括机器人的各轴）的伺服电动机。

基本轴控制板（SRDA-EAXA01□）除能控制机器人本体的基本轴外，还能控制制动器电源的控制回路、Shock Sensor 输入回路、Direct-In 回路，如图 2-5 所示。

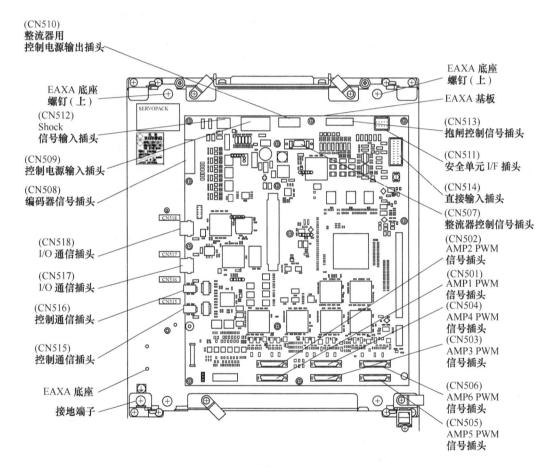

图 2-5

2.2.3 CPU 单元

CPU 单元由基板用 RACK、控制板和机器人 I/F 部件组成。

一般 CPU 单元 JZNC-YRK01 只包括基板用 RACK 和控制板（注意：不包括机器人 I/F 部件）。

1. 控制板（JANCD-YCP01）

控制板（JANCD-YCP01）掌管全系统的控制、编程示教器的显示、操作键的管理、操作控制和步间演算等。

2. 机器人 I/F 部件（JZNC-YIF01-□E）

机器人 I/F 部件（JZNC-YIF01-□E）全面控制机器人系统，通过连接控制板（JANCD-YCP01）和背板（BACKBOARD）的 PCI 主线（BUS）I/F 实现基本轴控制板（SRDA-EAXA01A□）的高速连续通信，如图 2-6 所示。

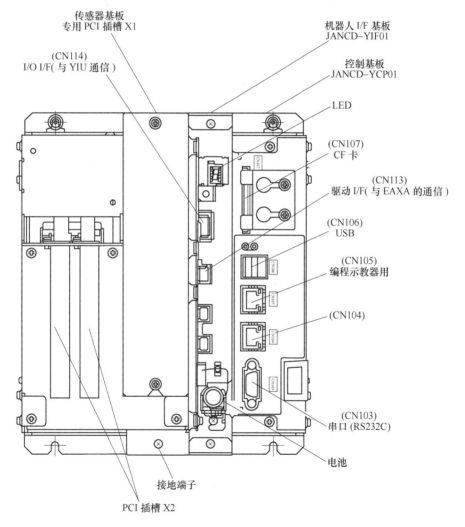

图 2-6

2.2.4 CPS 单元

CPS 单元（JZNC-YPS01-E）的功能是提供控制系统、I/O、制动器的直流电源（直流

5V、直流 24V）。另外，安装了控制电源的 **ON/OFF** 输入键，**CPS** 单元外形图如图 2-7 所示。

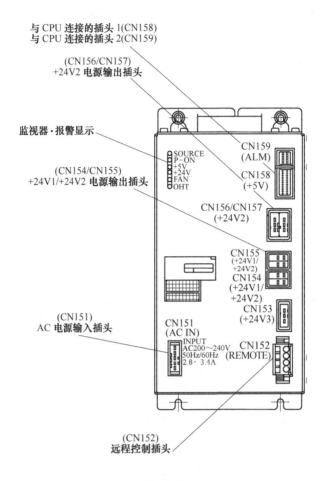

图　2-7

LED 状态显示见表 2-2。

表　2-2

显　示	颜　色	状　态
SOURCE	绿	输入电源时亮灯 内部充电部位放电结束后熄灯 （电源输入供给状态）
P-ON	绿	PWR_OK 输出信号为 ON 时亮灯 （电源输出状态）
+5V	红	+5V 过电流亮灯（+5V 异常）
+24V	红	+24V 过电流亮灯（+24V 异常）
FAN	红	风扇异常时亮灯
OHT	红	内部温度异常上升时亮灯

2.2.5 制动板

制动板根据基本轴控制板（SRDA-EAXA01 □）上的命令信号进行开 / 关，控制机器人加外部轴共 9 个轴各自的制动，所以每台 6 轴机器人可以加 3 个外部轴，若需要更多，需要加偏柜，如图 2-8 所示。

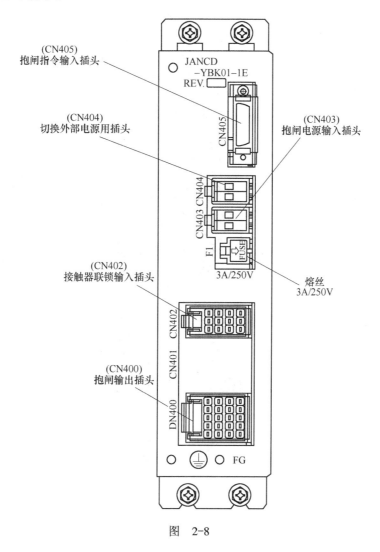

图 2-8

2.2.6 I/O 单元

准备好 4 个数字输入 / 输出（机器人通用输入 / 输出）插头。输入 / 输出的数字是：输入 / 输出 =40/40。根据用途的不同分为专用输入 / 输出和通用输入 / 输出两种，如图 2-9 所示。

（1）专用输入 / 输出 主要在 Z 型控制盘、集中控制盘等的外部操作机器上，采用已经确认用途的信号，在系统控制机器人主体和相关机器时使用。

（2）通用输入 / 输出 主要在机器人运行 JOB 中，作为机器人和周边机器的时间信号使用。

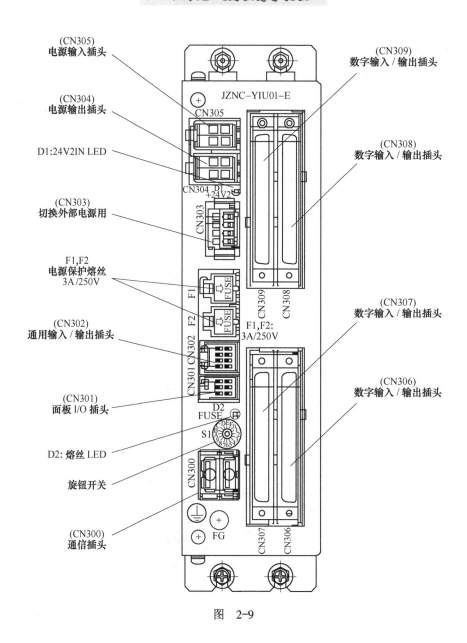

图 2-9

2.2.7 机械安全部件

机械安全部件内含安全信号的双重处理回路。外部的安全信号经双重回路处理，控制电源输入部件（JZRCR-YPU）的伺服电源插头的开 / 关。机械安全部件如图 2-10 所示。

机械安全部件主要有以下功能：

1）机器人专用输入回路（双重安全信号）。

2）伺服输入 Enable（ONEN）输入回路（双重化）。

3）超限运行（OT、EXOT）输入回路（双重化）。

4）与编程示教器信号 PPESP、PPDSW 不同的输入回路（双重安全信号）。

5）插头控制信号输出回路（双重化）。

6）异常终止信号输入回路（双重化）。

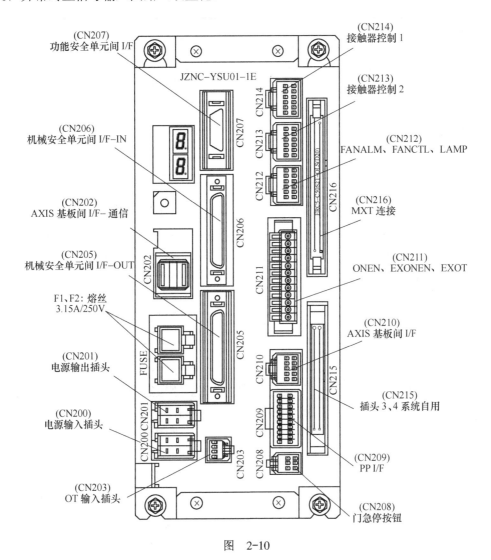

图 2-10

2.3 知识扩展与提升

每台机器人都需要预防性保养，这样可以保证它们在生产线上保持最佳性能和实现功能的一致性。当机器人没有进行定期的预防性保养检查时，可能会导致零部件损坏或机器人故障，从而致使生产放慢甚至停机。对机器人进行正确保养可延长其寿命，定期进行预防性保养可以成倍地延长机器人的使用寿命。应做到勤检查，防患于未然。每日点检表见附录C。

在 PBC 中若有硬件出现问题，其故障显示也会一一对应，以 DX100 为例，其常见故障见表 2-3。

表　2-3

编　号	故障位置	示教器显示			控制柜显示
		警报编码	子　码	内　容	
1	YIF01-E（CN113） EAXA01A（CN515） CPU 组件	0020 0021	50 50	CPU 通信错误 通信错误（伺服）	E，1，b
2	YCP01-E（CN105） YPP01（X81） CPU 组件示教器	无		无界面显示	P，d，d
3	CPU CF 卡故障	无		无界面显示	8，1，b
4	YIF01-E（CN114） YIU-E（CN300） I/O 组件	0060	14	通信错误（I/O 模块）	E，9，c
5	YIF01 板电池(CN110)	无		内存电池电量低	d，d，d
6	YBB02-E （CC-link 板）不良	0320	16	检验到错误（I/O 模块）	E，9，c
7	EAXA01A（CN508） Manipulator Encoder cable	1325 4107	无	通信错误（编码器） Out of range（ABSO 数据）	d，E，d
8	EAXA01A（CN517） YSU01-1E（CN202） 安全组件	1302 4107 4676	无	通信错误（伺服 I/O）超过范围（ABSO 数据） 风扇熔丝故障（1）	d，E，b
9	EAXA01A（CN509） YPS01-E（CN155） CPS 组件	0020 0021	50 50	CPU 通信错误 通信错误（伺服）	E，x，b
10	EAXA01A（CN510） Converter（CN551） 基本轴控制板	1343 4306 1514 4107	102	通信错误（转换器） 放大机待机信号错误 过热（放大机） 超过范围（ABSO 数据）	d，E，d
11	EAXA01（CN513） YBK01-E（CN405） 制动板	1679 1681 1682 4107	无	外部制动熔丝 制动电源错误（SV） 外部制动电源错误（SV） 超过范围（ABSO 数据）	d，E，d
12	EAXA01A（CN511） YSU01-1E（CN210） 安全组件	4675	无	ERPSVCPU 信号错误	d，d，d
13	EAXA01A（CN507） Converter（CN553）	1343 4107	102	通信错误（转换器） 超过范围（ABSO 数据）	d，E，d
14	EAXA01A（CN501） ServoAMP（CN581） （CN501～CN506）	1306 4306 1514 4107	无	减速机类型不符 放大机待机信号错误 过热（减速机） 超过范围（ABSO 数据）	d，E，d

（续）

编 号	故 障 位 置	示教器显示			控制柜显示
		警报编码	子 码	内 容	
15	YSU01-1E（CN203） Manipulator（Overun） 安全组件	4151 4107	无	探知过载（YSU 组件）	d，E，d
16	YSU01-1E（CN216） MXT（terminal block）	4107	无	external holding	d，d，d
17	YSU01-E（CN214） YPU（CN607） 电源连接组件	4301 4387 4394 4107	无 1 1 无	连接错误（SLURBT） M-Safety contactor stick（CPU1） M-Safety contactor stick（CPU2） 超过范围（ABSO 数据）	d，E，E
18	YSU01-E（CN212） YPU（CN607）	0380	无	位置未检测	d，d，d
19	YSU01-E（CN209） Emergency Stop Switch	无		示教器停止了机器人运行	d，d，d
20	YSU01-E（CN209） Emergency Stop Switch	黑屏		无	P，d，d
21	YSU01（F1） 熔丝出错	4151 1809 1820 4107	无	探知过载（YSU 组件） M-safety power volt error （CPU2） M-safety power volt error （CPU1） 超过范围（ABSO 数据）	d，E，E
22	YSU01-E（CN200） YPS01-E（CN154）	无		无界面	P，E，X
23	YBK01-E（CN403） YPS01-E（CN153） 制动板	1679 1681 1682 4107	无	外部制动熔丝 Brown（SV） 制动电源错误（SV） 外部制动电源错误（SV） 超过范围（ABSO 数据）	d，E，d
24	YBK01-E（F1） 熔丝出错	1679 4107	无	External brake fuse brown（SV） 超过范围（ABSO 数据）	d，E，d
25	YBK01-E（CN402） YPU（CN608）	432	无	伺服追踪错误	d，E，d
26	YBK01-E（CN400） S/Motor	432	无	伺服追踪错误	d，E，d
27	YIU-E（CN305） I/O 组件 YPS01-E（CN156） CPS 组件	0060	无	通信错误（I/O 模块）	E，9，c
28	YIU-E（F1，F2） 熔丝出错	4109 4107	无	直流 24V 电源供给失败（I/O） 超过范围（ABSO 数据）	d，E，d
29	YPU fuse （冷却风扇）	4109 4107	无	直流 24V 电源供给失败（I/O） 超过范围（ABSO 数据）	d，E，d

第❸章

安川机器人编程基础

本章目标

★ 了解安川机器人编程语言；

★ 清楚安川机器人的分配I/O；

★ 理解安川机器人基本编程方法。

什么是编程？本章首先需要明确这个概念。编程是编写程序的简称，就是让计算机代为解决某个问题，对某个计算体系规定一定的运算方式，使计算机按照该计算方式运行，并最终得到相应结果的过程。

为了使计算机能够理解人的意图，必须将解决问题的思路、方法和手段以计算机能够理解的形式告诉计算机，使计算机能够根据人的指令一步一步工作，完成某种特定的任务。这种人和计算机之间交流的过程就是编程。

编程是设计具备逻辑流动作用的一种"可控体系"（注：编程不一定是针对计算机程序而言的，具备逻辑计算力的体系都算编程）。

人与人直接交流可以通过手语、口语和文字等，那么人与计算机的交流，也需要某种媒介，这种媒介称为编程语言。编程语言是 Programming Language 的译文，是用来定义计算机程序的形式语言。它是一种被标准化的交流技巧，用来向计算机发出指令。这种计算机语言让程序员能够准确地定义计算机所需要使用的数据，并精确地定义在不同情况下所应当采取的行动。

机器人编程是 Robot Programming 的译文，是使机器人完成某种任务而设置的动作顺序描述。机器人运动和作业的指令都由程序进行控制，常见的编程方法有两种——示教编程方法和离线编程方法。其中示教编程方法包括示教、编辑和轨迹再现，可以通过示教器示教和导引式示教两种途径实现。由于示教方式实用性强，操作简便，因此大部分机器人都采用这种方式。离线编程方法是利用计算机图形学成果，借助图形处理工具建立几何模型，通过一些规划算法来获取作业的规划轨迹。与示教编程不同，离线编程不与机器人发生关系，在编程过程中机器人可以照常工作。机器人编程语言是人与机器人之间的一种记录信息或交换信息的程序语言，具有一般程序计算语言所具有的特性。

机器人语言具有以下四方面的特征：

1）实时系统。

2）三维空间的运动系统。

3）良好的人机接口。

4）实际的运动系统。

也就是说，必须在实时处理时间内使三维空间内机器人的位置与姿态发生物理性的变化，并通过几何模型的运算推算出机器人的运动。同时，机器人语言系统必须是容易掌握和使用的语言系统。

机器人语言的基本功能包括运算、决策、通信、机械手运动、工具指令以及传感器数据处理等。许多正在运行的机器人系统，只提供机械手运动和工具指令以及某些简单的传感器数据处理功能，机器人语言体现出来的基本功能都是由机器人系统软件支持形成的。

3.1　安川机器人的 INFORM Ⅲ 语言

机器人编程语言是一种程序描述语言，它能十分简洁地描述工作环境和机器人的动作，能把复杂的操作内容通过简单的程序来实现。机器人编程语言也和一般的程序语言一样，具有结构简明、概念统一、容易扩展等特点。从实际应用的角度来看，很多情况下都是操作者实时地操纵机器人工作。

安川机器人编程语言采用 INFORM Ⅲ 语言，这种标准化编程操作简单，上手较快。

INFORM Ⅲ 语言由命令和附加项目（标签、数值数据）构成。命令是执行处理和操作的指示（移动命令的情况下，若要示教位置，则按照插值方法的命令自动地被显示）。其命令按照处理和操作划分种类，见表 3-1。

表　3-1

命令种类	内容	命令举例
输入 / 输出命令	控制输入 / 输出的命令	DOUT、WAIT 等
控制命令	控制处理和操作的命令	JUMP、TIMER 等

（续）

命令种类	内　容	命令举例
演算命令	使用变数等进行演算的命令	ADD、SET 等
移动命令	关于移动和速度的命令	MOVJ、REFP 等
偏移命令	改变现在示教位置时使用的命令	SFTON、SFTOF 等
附加命令的命令	附加命令的命令	IF、UNTIL 等
操作命令	有关操作命令	TOOLON 等
选项命令	有关选项功能的命令，仅功能有效时使用	FLOATON 等

例：MOVJ VJ=50.00 PL=0

解析：MOVJ 为命令，VJ 和 PL 为标签，50.00 和 0 为数值数据，VJ=50.00、PL=0 都为附加项目。

基础编程语言请参考各机器人使用说明书。

为方便使用安川机器人，在 INFORM Ⅲ 语言中，也有对其独特的命名，如图 3-1 所示。

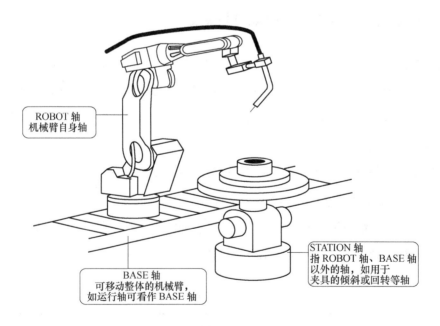

ROBOT 轴
机械臂自身轴

BASE 轴
可移动整体的机械臂，
如运行轴可看作 BASE 轴

STATION 轴
指 ROBOT 轴、BASE 轴
以外的轴，如用于
夹具的倾斜或回转等轴

图　3-1

安川机器人在编程中对应的坐标系如图 3-2 所示。

安川机械臂的各轴在编程中单独工作，如图 3-3 所示。

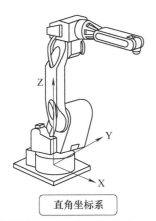

直角坐标系

与机械臂的位置无关，机械臂所设定
的 X 轴、Y 轴、Z 轴平行动作

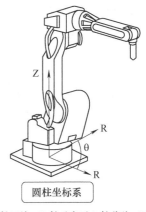

圆柱坐标系

θ轴绕 R 轴回旋，R 轴垂直于 Z 轴移动，Z 轴
垂直旋转移动

工具坐标系

工具坐标系把机器人腕部法兰盘所握工具的有效
方向定为 Z 轴，把坐标定义在工具尖端点，所以
工具坐标的方向随腕部的移动而发生变化

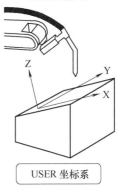

USER 坐标系

平行移动到各轴指定的 USER 坐标系

图　3-2

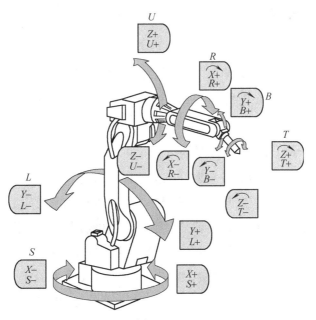

图　3-3

以焊接程序为例，如图 3-4 所示。

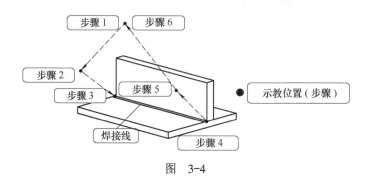

图　3-4

程序注解如下：

程序行号	命令	内容说明	
0000	NOP		
0001	MOVJ　VJ=25.00	向待机位置移动	（步骤1）
0002	MOVJ　VJ=25.00	向焊接开始位置附近移动	（步骤2）
0003	MOVJ　VJ=12.50	向焊接开始位置移动	（步骤3）
0004	ARCON	焊接开始	
0005	MOVL　V=50	向焊接结束位置移动	（步骤4）
0006	ARCOF	焊接结束	
0007	MOVJ　VJ=25.00	向不触碰到工具及夹具的方位移动	（步骤5）
0008	MOVJ　VJ=25.00	向待机位置移动	（步骤6）
0009	END 待机位置		

3.2　安川机器人编程的基本知识储备

工业机器人机械手在自动化生产线上有很多应用，如码垛机器人、包装机器人和转线机器人等；在焊接方面也有很多例子，如汽车生产线上的焊接机器人等。现在机器人的发展非常迅速，机器人的应用也在民用企业的各个行业得以延伸。但是要学会这门技术，需要有一定的知识储备。

1. 电气设备知识及 PLC 的构成原理

一般西门子和三菱应用得比较普遍，应熟悉伺服系统、变频器、传感器、触摸屏等装置，并熟练运用气动、电气控制与 PLC 编程技术，能根据生产线的工序要求，编制、调整机器人工作站控制程序。通俗地讲，就是要了解工业机器人本体。要想把工业机器人结合实际工况灵活操作起来，就需要周边设备和工控系统的结合。工业机器人不是孤立工作的，一个工业机器人工作站（上下料、焊接、喷涂、装配、码垛）相当于一条柔性生产线，各角色互相配合，就需要 PLC 来协调。PLC 是工业自动化的灵魂，犹如人的大脑，通过编写程序，对工业机器人本体以及外围设备进行控制。

2．工业机器人的原理和结构

一名技术员，除了要了解工业机器人品牌（ABB、安川、KUKA、发那科、国产）、工业机器人故障的排除、机器人坐标系的应用、机器人指令、机器人搬运和码垛、机器人 I/O 的应用、机器人碰撞检测等，还要掌握系统集成应用、工控 PLC，以控制工业机器人的运行。

要想深入到系统集成，还需掌握以下内容：

1）熟练掌握机械制图 CAD、电子线路 CAD 绘图技术，能读懂机器人应用系统的结构安装图和电气原理图。

2）会设置安川机器人的示教器操纵环境，使用示教器可编程按键，能够手动操纵机器人，熟悉机器人 I/O 通信接口、程序及指令，会编制与调试机器人工作站的程序，实操集成项目。

总之，想成为一名优秀的机器人工程师，除了要有过硬的专业能力，还需要良好的抗压、逻辑思维以及随机应变的能力，需要不断沉淀和历练。

3.2.1 I/O 板的认识

I/O 即输入 / 输出（Input/Output），在第 2 章中对各个 PBC 都做了介绍，这里主要说明怎么进行信号的传递。在 DX200 中，I/O 板的插头在柜子后面，需要拆后板将插头装上，I/O 板如图 3-5 所示，CN306、CN307、CN308 及 CN309 安装插头端子台方式都是一样的。

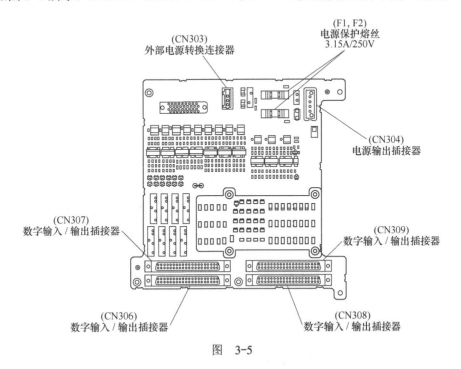

图 3-5

要想和外界信号连接，还需要用线将数字插接器连接到可以接线的端子台上，如图 3-6 所示。

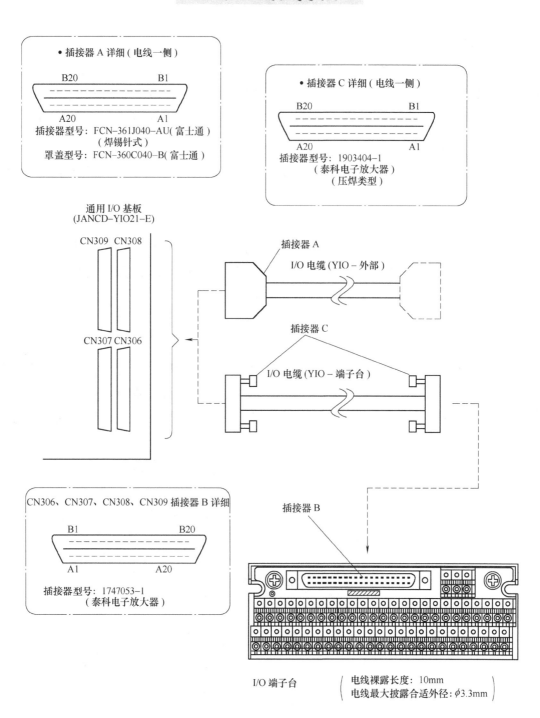

型号：TIFS553YS

图 3-6

3.2.2 I/O 板连接外部设备的注意事项

在 I/O 板中已经按不同用途定义好了各个输入/输出，以通用用途 CN306 为例，定义表如图 3-7 所示。

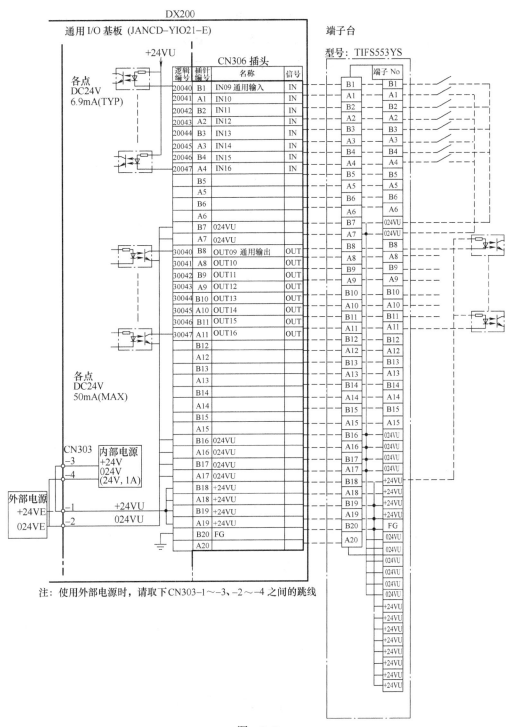

图 3-7

从 I/O 分配表得到信息并需要注意：

1）逻辑号对应的输入 / 输出，如 20040 对应 IN09。

2）PNP 与 NPN 分清楚，这里是 PNP。

3）最大允许电流是 50mA，若外接电源，请取下 CN303-1 ～ -3、-2 ～ -4 之间的跳线。

4）端子台与外部设备连接中间最好使用继电器，避免接错发生意外。

5）CN306、CN307、CN308、CN309 共计 24 个通用输入 / 输出，8 个专用输入 / 输出。

6）已经定义好的定义是可以通过并行 I/O 改变的，此操作需谨慎使用。

3.3 知识扩展与提升

在安川机器人中若标准 I/O 板输入 / 输出不够用了怎么办？这里为大家介绍以下几种思路：

1）使用多信号并用，以输出信号为例：输出信号 OT#（××）为 1 点，OGH#（××）为 1 组 4 点，OG#（××）为 1 组 8 点，如图 3-8 所示。

OT#(8)	OT#(7)	OT#(6)	OT#(5)	OT#(4)	OT#(3)	OT#(2)	OT#(1)
OGH#(2)				OGH#(1)			
OG#(1)							

图 3-8

程序案例：SET B000 24

DOUT OG#(3) B000

程序详解：B000=24（十进制）=00011000（二进制），如图 3-9 所示。

OT#(24)	OT#(23)	OT#(22)	OT#(21)	OT#(20)	OT#(19)	OT#(18)	OT#(17)
OG#(3)							

ON

图 3-9

通用输出信号的 20 号和 21 号接通。

2）加 I/O 扩展基板（JARCR-XOI01B）来增加 I/O 点数，搭载输入：40 点，输出：40 点（晶体管输出 24 点、继电器输出 16 点），其系统构成如图 3-10 所示。

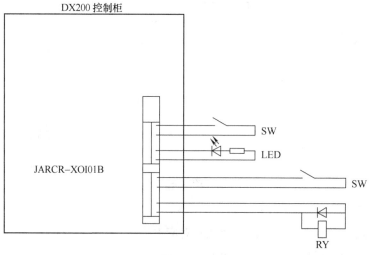

图 3-10

和外界信号的连接与标准基板一样，如图 3-11 所示。

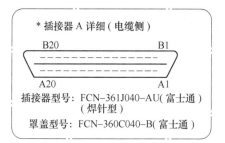

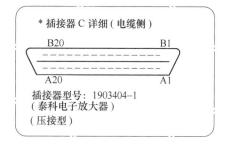

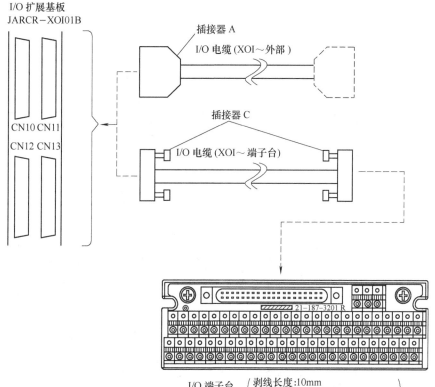

图　3-11

从 JARCR-XOI01B 基板向 DX200 内部传送的数据为输入 40 点（5 字节）、输出 40 点（5 字节）。I/O 数据被分配至并行 I/O 信号的外部 I/O 信号。当 I/O 基板只安装了 JARCR-XOI01B 基板时，各基板的并行 I/O 分配为：20010 ～ 20057、30010 ～ 30057 使用 DX200 的标准 I/O，如图 3-12 所示。

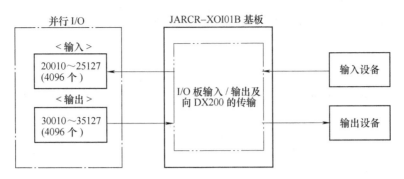

图　3-12

DX200 I/O 分配示例见表 3-2。

表　3-2

			外部输入信号	通用输入信号	含义
搬运用途	JANCD-YIO21-E（标准 I/O）	I/O 输入	20010 ～ 20017	无（系统已完成分配）	输入数据（1）
			20020 ～ 20027	无（系统已完成分配）	输入数据（2）
			20030 ～ 20037	00010 ～ 00017（IN0001 ～ IN0008）	输入数据（3）
			20040 ～ 20047	00020 ～ 00027（IN0009 ～ IN00016）	输入数据（4）
			20050 ～ 20057	无（系统已完成分配）	输入数据（5）
			外部输出信号	通用输出信号	含义
		I/O 输出	30010 ～ 30017	无（系统已完成分配）	输出数据（1）
			30020 ～ 30027	无（系统已完成分配）	输出数据（2）
			30030 ～ 30037	00010 ～ 00017（OT0001 ～ OT0008）	输出数据（3）
			30040 ～ 30047	00020 ～ 00027（OT0009 ～ OT0016）	输出数据（4）
			30050 ～ 30057	无（系统已完成分配）	输出数据（5）
	JANCD-XOI01B（I/O 扩展用）	I/O 输入	外部输入信号	通用输入信号	含义
			20060 ～ 20067	00030 ～ 00037（IN0017 ～ IN0024）	输入数据（1）
			20070 ～ 20077	00040 ～ 00047（IN0025 ～ IN0032）	输入数据（2）
			20080 ～ 20087	00050 ～ 00057（IN0033 ～ IN0040）	输入数据（3）
			20090 ～ 20097	00060 ～ 00067（IN0041 ～ IN0048）	输入数据（4）
			20100 ～ 20107	00070 ～ 00077（IN0049 ～ IN0056）	输入数据（5）
		I/O 输出	外部输出信号	通用输出信号	含义
			30060 ～ 30067	10030 ～ 10037（OT0017 ～ OT0024）	输出数据（1）
			30070 ～ 30077	10040 ～ 10047（OT0025 ～ OT0032）	输出数据（2）
			30080 ～ 30087	10050 ～ 10057（OT0033 ～ OT0040）	输出数据（3）
			30090 ～ 30097	10060 ～ 10067（OT0041 ～ OT0048）	输出数据（4）
			30100 ～ 30107	10070 ～ 10077（OT0049 ～ OT0056）	输出数据（5）

（续）

外部输入信号	通用输入信号	含义
	I/O 输入	
20010～20017	无（系统已完成分配）	输入数据（1）
20020～20027	无（系统已完成分配）	输入数据（2）
20030～20037	00010～00017（IN0001～IN0008）	输入数据（3）
20040～20047	00020～00027（IN0009～IN0016）	输入数据（4）
20050～20057	00030～00037（IN0017～IN0024）	输入数据（5）

JANCD-YIO21-E（标准 I/O）

外部输出信号	通用输出信号	含义
	I/O 输出	
30010～30017	无（系统已完成分配）	输出数据（1）
30020～30027	无（系统已完成分配）	输出数据（2）
30030～30037	00010～00017（OT0001～OT0008）	输出数据（3）
30040～30047	00020～00027（OT0009～OT0016）	输出数据（4）
30050～30057	00030～00037（OT0017～OT0024）	输出数据（5）

JANCD-XOI01B（I/O 扩展用）

外部输入信号	通用输入信号	含义
	I/O 输入	
20060～20067	00040～00047（IN0025～IN0032）	输入数据（1）
20070～20077	00050～00057（IN0033～IN0040）	输入数据（2）
20080～20087	00060～00067（IN0041～IN0048）	输入数据（3）
20090～20097	00070～00077（IN0049～IN0056）	输入数据（4）
20100～20107	00080～00087（IN0057～IN0064）	输入数据（5）

外部输出信号	通用输出信号	含义
	I/O 输出	
30060～30067	10040～10047（OT0025～OT0032）	输出数据（1）
30070～30077	10050～10057（OT0033～OT0040）	输出数据（2）
30080～30087	10060～10067（OT0041～OT0048）	输出数据（3）
30090～30097	10070～10077（OT0049～OT0056）	输出数据（4）
30100～30107	10080～10087（OT0057～OT0064）	输出数据（5）

搬运用途以外

3）使用总线通信需要增加总线基板，其通信方式对应的基板见表 3-3。

表 3-3

名称	特点	网络规格	主站	从站
DeviceNet	根据 EDS 文件简化通信设定，也可以使用 NADEX 时间 IF	最大子站数：63，最大 I/O 个数：4048 个（IN/OUT 都是），通信速度：125kbit/s、250kbit/s、500kbit/s	○	○
CC-Link	对应 CC-Link Ver1.1，可以进行单词数据的发送与接收	最大站数：64，最大占有站：4 站（I/O 个数：112 个，单词数：16 个），通信速度：156kbit/s、625kbit/s、2.5Mbit/s、5Mbit/s、10Mbit/s	×	○

（续）

名　称	特　点	网络规格	主　站	从　站
EtherNet/IP	I/O 通信与信息通信可以同时进行，扫描与适配器可以同时执行，通过 EDS 文件简化通信设定	最大连接台数：没有限制，最大 I/O 个数：4040 个（IN/OUT 都是），通信速度：10 Mbit/s / 100Mbit/s	○（扫描）	○（适配器）
PROFIBUS	PROFIBUS-DP 的对应通过 GSD 文件简化通信设定	最大字节数：126 个，最大 I/O 个数：从站 1312 个 / 主站 2000 个（IN/OUT 都是），通信速度：9.6kbit/s / 500kbit/s / 1.5Mbit/s / 3Mbit/s / 12Mbit/s	○	○
PROFINET	RT 对应 I/O 控制器，I/O 设备可以同时执行（I/O 设备的通信对象是 SIEMENS 的情况），通过 GSDML 文件简化通信设定	最大连接台数：没有限制，最大 I/O 个数：4048 个（IN/OUT 都是），通信速度：100Mbit/s	○（I/O 控制）	○（I/O 设备）
MECHATROLNK	Simple I/O 从站对应	最大从站数：30 个，I/O 个数：128 个（IN/OUT 都是），通信速度：10Mbit/s，传送周期：1ms / 1.5ms / 2ms / 4ms	×	○
M-NET	T 模式 /Y 模式切换可能	最大子站数：7 个，最大 I/O 个数：112 个（IN/OUT 都是），传送速度：19.2kbit/s / 38.4kbit/s / 57.6kbit/s	×	○

注：×—不支持；○—支持。

MOVC 关于圆弧插补需要注意的是：

1）最初向 MOVC 移动时，使用直线动作。

2）三点以上连续输入。

3）如果只输入两点，动作确认，按［前进·后退］键时，由于圆弧步骤不足导致报警，如图 3-13 所示。

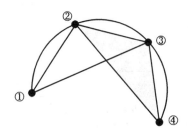

①～②…①、②、③的三点演算圆弧
②～③…②、③、④的三点演算圆弧
③～④…②、③、④的三点演算圆弧

图　3-13

第 **4** 章

编程流程图

★ 独立完成流程图的编写；

★ 进一步认识编程规范。

中国有句古话——"磨刀不误砍柴工"，做事前，先要进行筹划，进行可行性论证和步骤安排，做好充分准备，创造有利条件，这样会大大提高办事效率。对于编程也是一样，本章主要介绍编程之前的"磨刀"。

4.1 流程图

流程图是对过程、算法、流程的一种图像表示，在技术设计、交流及商业简报等领域有广泛的应用。只要有过程，就有流程。过程是将一组输入转化为输出的相互关联的活动，流程图就是描述这个活动的图解。流程图对于设计新的过程、改进原有过程具有积极的作用。

流程图是由一些图框和流程线组成的，其中图框表示各种操作的类型，图框中的文字和符号表示操作的内容，流程线表示操作的先后次序。

一张流程图能够用来解释某个零件的制造工序，甚至成为组织决策制定程序的方式之一。这些过程的各个阶段均用图形块表示，不同图形块之间以箭头相连，代表它们在系统内的流动方向。下一步何去何从，要取决于上一步的结果，典型做法是用"是"或"否"的逻辑分支加以判断。成品出货检验流程图如图 4-1 所示。

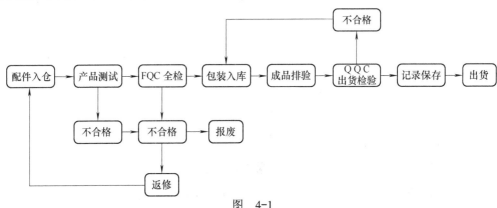

图　4-1

为了便于识别，绘制流程图的习惯做法是：

1）用圆角矩形表示"开始"与"结束"。

2）用矩形表示行动方案、普通工作环节。

3）用菱形表示问题判断或判定（审核 / 审批 / 评审）环节。

4）用平行四边形表示输入 / 输出。

5）用箭头代表工作流方向。

当然很多时候为了方便并不需要墨守成规，只要大家都能理解其含义即可。

4.2　编程流程示意图

编程是需要前期明白其各个环节流程，再填充流程，最后达到效果的一个过程，流程示意图是必不可少的一部分，其作用如下：

1）可以在前期编写程序时就发现缺陷，从而避免缺陷。

2）在编写中期，其程序按模块化编写，更容易理解。

3）后期发现问题时，可以更快、更准地找到其"根源"。

以一个简单的搬运工作站为例，其工作站由一台安川 MPL160 机器人、7 台小型射砂机以及一段流水线组成，搬运系统工作原理如下：

1）在生产中采用 4 轴工业机器人协调工作节拍，配合射砂机取件，完成取件放入流水线的工作要求，运行接受主机协调控制，实现自动化。

2）机器人工作循环流程：射砂机开模，机器人预进入位置等待→开模后，进入取件，取件完成一定次数喷脱模剂→工件放入输送带→回原点位置待命。

安川机器人与射砂机布局图如图 4-2 所示。

4.2.1　大框架

什么是编程的大框架？在这个项目中，以 PLC 做主站，机器人和 7 台射砂机做从站，主框架为

在此之前，需要先知道什么是上位机，什么是下位机。

上位机是指人可以直接发出操控命令的装置，一般是 PC/Host Computer/Master Computer/Upper Computer，屏幕上显示各种信号变化（如液压、水位、温度等）。

下位机是指直接控制设备获取设备状况的装置，如 PLC、单片机等。

上位机发出的命令给下位机，下位机再根据此命令解释成相应时序信号直接控制相应设备。下位机不时读取设备状态数据（可能是数字量，也可能是模拟量），反馈给上位机。简单说就是这样，真实情况千差万别，但万变不离其宗。上、下位机都可能需要编程，其系统图如图 4-3 所示。

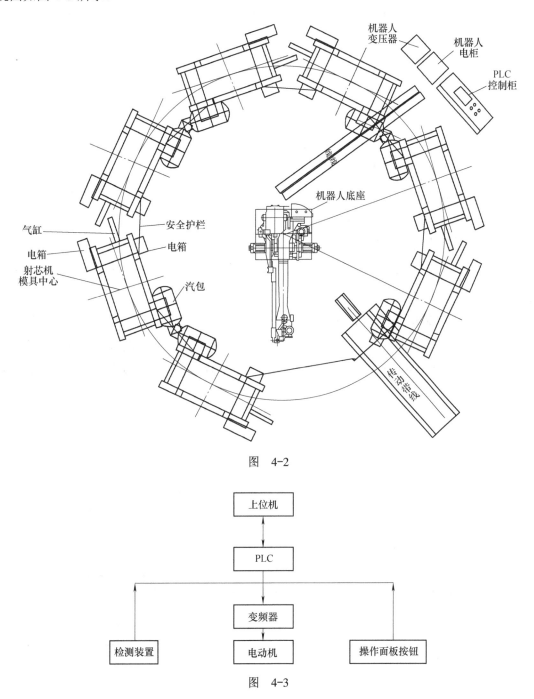

图　4-2

图　4-3

在案例中，屏幕属于上位机，PLC（含开关及各种按钮）、机器人及射砂机（含各种检测装置）属于下位机，这就是基本的大框架。有了大的框架，就好比找到了方向，不管路途怎么遥远，怎么艰辛，总会到达终点。

4.2.2　小框架

大框架搭建完成了，该做小框架将大框架填充起来了，这时需要考虑实际的情况。以这个项目为例，各个组成部分信号传递如下：

1）工业操作屏给 PLC 的输出信号有：①启动信号；②停止信号；③7 台射砂机中的某一台启动或停止；④选择手动 / 自动模式。

2）PLC 给工业操作屏的输出信号有：①急停信号；②状态信号（各个射砂机、安川工业机器人的工作状态，是否复位完成等）；③各个报警信息、生产信息等；④安全单元模块（光栅、安全门等）信号。

3）PLC 给射砂机的输出信号有：①启动或停止；②连接或断开系统；③喷脱模剂信号。

4）PLC 给安川机器人的输出信号有：①启动或停止；②允许机器人取某一台射砂机工件；③远程启动机器人信号（参考说明书中的 CN308 专用输入 / 输出信号），其时序图如图 4-4 所示。

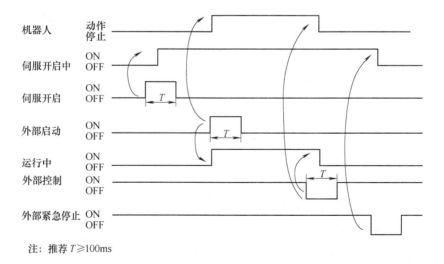

注：推荐 $T \geq 100ms$

图　4-4

5）射砂机给 PLC 的输出信号有：①正在开模信号；②开模完成信号；③复位未完成信号；④射砂机的各个报警信号（如材料不足、没有开模到对应位置等）；⑤复位完成信号。

6）安川机器人给 PLC 的输出信号有：①状态信号（如原点位置、主程序首条等）；②取件完成信号；③报警信号；④复位完成信号。

在清楚了信号的传递之后就需要细化信号了，如信号的传递是使用普通 I/O，还是总线的方式。对于安川机器人来说，是否需要增加选项功能（如宏程序、中断程序等）和基板等。

以机器人分支细化（做法不唯一）为例，就单独考虑机器人与 PLC 之间的联系，可以分为以下模块：

（1）安全模块

1）将机器人急停引出与整个系统串联在一起，保证系统可瞬时停止。

2）将安全插销引出做安全门信号，也与整个系统串联。

注：急停信号使用上升沿信号，为防止硬件出现问题而发生意外，其信号分配应参考说明书中机械安全端子台基板部分。

（2）通信模块

通信即互相交互各自的信息。工业中的通信一般以信号的交互为主。在这个项目中，信息交互如下：

1）PLC 将射砂机状态信号传递给机器人。

2）机器人将当前工作信号传递给 PLC。

3）外部启动。

（3）夹具信号处理　机器人法兰安装的夹具，既需要通过信号控制，也需要反馈夹具的状态。例如，在气缸加装磁性开关，检测夹具状态，通过电磁阀控制。若有特殊情况，需使用伺服控制且带有快换装置，且考虑增加外部轴一套及选项功能，如图 4-5 所示。

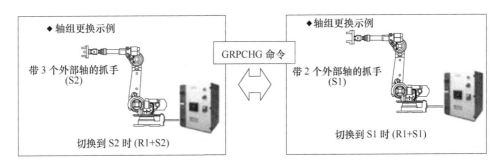

图　4-5

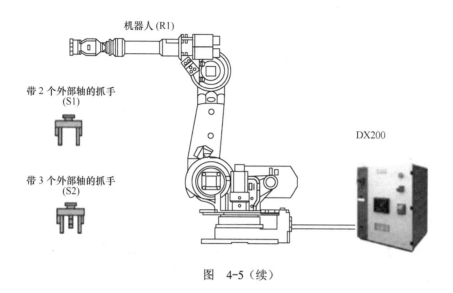

轴组更换的构成示例

机器人 (R1)

带 2 个外部轴的抓手
(S1)

带 3 个外部轴的抓手
(S2)

DX200

图 4-5（续）

同样地，将 PLC、工业显示屏及射砂机都完成分支的扩展，按条记录，完成小框架工作。

4.2.3 汇总

汇总即把各种材料或情况汇集到一起。在这个项目中，把前面做的小分支汇总到一块，形成数据。如将安川机器人（DX200）信号汇总形成 I/O 分配表，见表 4-1。

表 4-1

序 号	I/O 地址		名 称
1		IN01	1 号射砂机开模中
2		IN02	2 号射砂机开模中
3		IN03	3 号射砂机开模中
4	CN309	IN04	4 号射砂机开模中
5		IN05	5 号射砂机开模中
6		IN06	6 号射砂机开模中
7		IN07	7 号射砂机开模中
8		IN08	1 号射砂机开模完成，允许取件
9	CN306	IN09	2 号射砂机开模完成，允许取件
10		IN10	3 号射砂机开模完成，允许取件
11		IN11	4 号射砂机开模完成，允许取件

（续）

序　号	I/O 地址		名　称	
12	CN306	IN12	5 号射砂机开模完成，允许取件	
13		IN13	6 号射砂机开模完成，允许取件	
14		IN14	7 号射砂机开模完成，允许取件	
15	CN309	OUT01	1 号射砂机取件占用信号，取件完成关闭信号	
16		OUT02	2 号射砂机取件占用信号，取件完成关闭信号	
17		OUT03	3 号射砂机取件占用信号，取件完成关闭信号	
18		OUT04	4 号射砂机取件占用信号，取件完成关闭信号	
19		OUT05	5 号射砂机取件占用信号，取件完成关闭信号	
20		OUT06	6 号射砂机取件占用信号，取件完成关闭信号	
21		OUT07	7 号射砂机取件占用信号，取件完成关闭信号	
22	CN306	OUT14	到达流水线位置占用，放下后关闭	
23		OUT15	夹具开	
24		OUT16	夹具关	
25	安全端子台基板	1	拆除	安全插销
26		2	跳线	
27		3	拆除	
28		4	跳线	
29		5	拆除	外部急停
30		6	跳线	
31		7	拆除	
32		8	跳线	
33	CN306	IN15	夹具气缸磁性开关信号	
34		IN16		

注：外部启动、输入 / 输出参照 CN308；PLC 的外部 24V 及 0V 需引出来。

4.2.4　论证

论证就是阐述观点之后加以证明，是运用论据证明论点的逻辑过程和方式。

任何一个论证都是由论题、论据和论证方法三个要素构成的。

（1）论题　论题是通过论证要确定其真实性的判断，它回答的是"论证什么"的问题。

（2）论据　论据是用来确定论题真实性的判断，它是使论题成立并使人信服的理由或根据，它回答的是"用什么来论证"的问题。

（3）论证方法　论证方法是指论据和论题之间的联系方式，即论证过程中所采用的推理形式，它回答的是"怎样用论据论证论题"的问题。

在这个搬运项目中，首先论证的是理论逻辑可行性（机械结构可行性确定，才能确定电气原理可行性），并做有限元论证，电气部分经常使用假设法和反证法推导，完成论证后，工作流程确定无误，各个部分（机械工程师、电气工程师等）开始做自己的事情，例如机械外购件采购、非标件加工、出电气原理图、材料采购、工程管理进度安排计划表等。

在需要 PLC 和机器人的 I/O 端子台连接时，中间使用继电器将信号转出来是为什么呢？

中间继电器（Intermediate Relay）用于继电保护与自动控制系统中，以增加触点的数量及容量，它用于在控制电路中传递中间信号。

中间继电器的结构和原理与交流接触器基本相同，与接触器的主要区别在于：接触器的主触头可以通过大电流，而中间继电器的触头只能通过小电流。所以，它只能用于控制电路中。它一般没有主触点，因为过载能力比较小。所以它用的全部都是辅助触头，数量比较多。国家标准中中间继电器的符号是 K，一般由直流电源供电，少数使用交流供电，如图 4-6 所示。

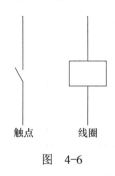

触点　　　　线圈

图　4-6

4.2.5　编制编程流程图

继汇总、出电气图、电工接线后，需要编制编程流程图了。以安川机器人编程为例，机器人信号流程示意图如图 4-7 所示。

对图 4-7 的补充：

1）安川机器人工作前需将各状态（是否在作业原点，程序是否在主程序首条等）告知

PLC，PLC 反馈给工业显示屏，在接收到规定的信号状态后，远程启动安川机器人进入再现模式。

2）安川机器人工作之前会复位夹具，若不能成功复位，即不能启动。

3）开模信号收到后，安川机器人会接近射砂机模具外部，待开模完成后，安川机器人才进行取件工作。在取件过程中，安川机器人占用信号，完成取件工作后，到模具外部关闭信号。

4）安川机器人若无任何信号，一直停在作业原点。

5）任一安全门打开或急停，安川机器人立即停止运行。

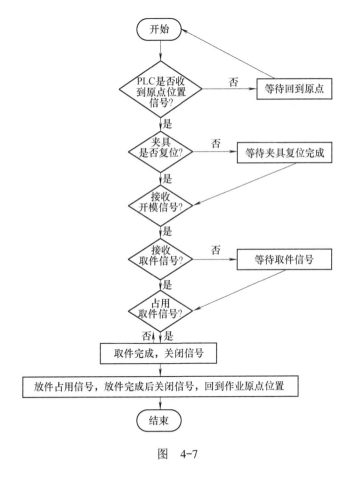

图 4-7

编程名称说明：①主程序名称：MAIN；②复位程序名称：RESET；③夹具开合程序名称：OPEN/CLOSE；④每个射砂机对应的作业程序：1、2、3、4、5、6、7。

主程序详解如下：

```
NOP
MOVJ VJ=100.00              作业原点位置
CALL JOB:RESET             复位
```

```
*START                                 跳转标志
CALL JOB:1 IF IN#(1)=ON  ⎤
CALL JOB:2 IF IN#(2)=ON  ⎥
CALL JOB:3 IF IN#(3)=ON  ⎥
CALL JOB:4 IF IN#(4)=ON  ⎬  根据信号进入不同的作业程序
CALL JOB:5 IF IN#(5)=ON  ⎥
CALL JOB:6 IF IN#(6)=ON  ⎥
CALL JOB:7 IF IN#(7)=ON  ⎦
JUMP *START                            跳转至标志
END
```

复位程序详解如下：

```
NOP
DOUT OG#(1) 0  ⎤
DOUT OG#(2) 0  ⎥
DOUT OG#(3) 0  ⎬  关闭使用的所有输出信号
DOUT OG#(4) 0  ⎦
CALL JOB:CLOSE  ⎤
CALL JOB:OPEN   ⎦  夹具复位
END
```

夹具开合程序（开合相反）详解如下：

```
NOP
DOUT OT#(15) OFF  ⎤
DOUT OT#(16) OFF  ⎬  先关闭电磁阀，再开启一个电磁阀
DOUT OT#(16) ON   ⎦
WAIT IN#(16)=ON   ⎤  对应的磁性开关有信号
WAIT IN#(15)=OFF  ⎦
END
```

每个射砂机对应的作业程序（以其中一个为例）详解如下：

```
NOP
MOVJ VJ=100.00                    作业原点位置
MOVJ VJ=100.00                    过渡点
MOVJ VJ=100.00                    接近模具点
JUMP *1 IF IN#(1)=OFF             若开模信号中断，跳转标志 1
WAIT IN#(8)=ON                    等待允许取件信号
DOUT OT#(1) ON                    打开取件占用信号
JUMP *2 IF IN#(8)=OFF             若允许取件信号中断，跳转标志 2
```

```
MOVL V=3200.0              取件位置
CALL JOB:CLOSE             关闭夹具，取件
*1                         标志 1
*2                         标志 2
MOVL V=3200.0              接近模具点
DOUT OT#(1) OFF            关闭取件占用信号
MOVJ VJ=100.00             过渡点
MOVJ VJ=100.00             过渡点
JUMP *3 IF IN#(16)=ON      若夹具未关闭，跳转标志 3
DOUT OT#(14) ON            打开流水线占用信号
MOVL V=3200.0              放件点
CALL JOB:OPEN              打开夹具
DOUT OT#(14) OFF           关闭流水线占用信号
MOVL V=3200.0              过渡点
MOVJ VJ=100.00             作业原点位置
*3                         标志 3
END
```

4.3 知识扩展与提升

在安川机器人中有局部变量和用户变量，在使用中要分清楚。用户（全局）变量，即从定义变量的位置到源文件结束都有效。局部变量，即在一个函数内部定义的变量，只在本程序范围内有效。

局部变量与用户变量有以下四点不同：

1）只能在一个程序中使用。对于用户变量而言，可在多个程序中定义或使用一个变量；而局部变量只能在定义了局部变量的程序中使用，不能从其他程序读写。而且，因为局部变量不对其他程序造成影响，所以，以 LB001 局部变量为例，可以分别在多个程序中定义并使用。

2）可自由设定使用个数。设定过程在程序信息界面进行，设定了个数后，只有所设定部分保留内存空间。

3）局部变量的内容显示要利用用户变量。如要查看用户变量 LP000 的内容，先要存入用户变量 P001，执行了存储命令（如 SET P001 LP000）后，看 P001 的位置型变量界面。

4）局部变量的内容仅在定义程序的执行过程中有效，局部变量会在调出定义了局部变量的程序（用 CALL 或 JUMP 命令执行程序或"选择程序"）时，保存局部变量的空间。

一旦程序执行，则所设局部变量内容会因为执行 RET、END 或 JUMP 命令而脱离该程序并立刻无效，但是在使用局部变量的程序中用 CALL 命令调出其他程序，又用 RET 命令返回时，则可继续使用执行 CALL 命令前的数据内容。

用户变量表见表 4-2。

表 4-2

数 据 形 式		变量号（个数）	功　能
字节型		B000 ～ B099（100）	允许值的范围为 0 ～ 255。可存储 I/O 状态，进行逻辑运算（AND、OR 等）
整数型		I000 ～ I099（100）	允许值的范围为 −32768 ～ 32767
双精度型		D000 ～ D099（100）	允许值的范围为 −2147483648 ～ 2147483647
实数型		R000 ～ R099（100）	允许值的范围为 −3.4E+38 ～ 3.4E38 1.18E−38< x ≤ 3.4E38
字符型		S000 ～ S099（100）	允许值为 16 个字符
位置型	机器人轴	P000 ～ P127（128）	可用脉冲型或 XYZ 型保存位置数据。XYZ 型变量在移动命令中可作为目的地的位置数据，在平行移动命令中可作为增分值使用
	基座轴	BP000 ～ BP127（128）	
	工装轴	EX000 ～ EX127（128）	

局部变量表见表 4-3。

表 4-3

数 据 形 式		变 量 号	功　能
字节型		LB000 ～ LB	允许值的范围为 0 ～ 255。可存储 I/O 状态，进行逻辑运算（AND、OR 等）
整数型		LI000 ～ LI	允许值的范围为 −32768 ～ 32767
双精度型		LD000 ～ LD	允许值的范围为 −2147483648 ～ 2147483647
实数型		LR000 ～ LR	允许值的范围为 −3.4E+38 ～ 3.4E38，1.18E−38< x ≤ 3.4E38
字符型		LS000 ～ LS	允许值为 16 个字符
位置型	机器人轴	LP000 ～ LP	可用脉冲型或 XYZ 型保存位置数据。XYZ 型变量在移动命令中可作为目的地的位置数据，在平行移动命令中可作为增分值使用
	基座轴	LBP000 ～ LBP	
	工装轴	LEX000 ～ LEX	

为方便使用安川机器人，有时需要同时按键，具体相应的功能如图 4-8 所示。

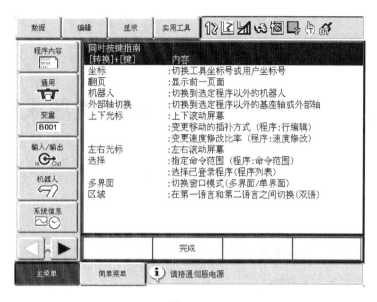

图　4-8

第 **5** 章

安川机器人编程进阶

本章目标

★ 掌握安川机器人进阶使用；

★ 掌握编写复杂程序的步骤；

★ 能够操作常见选项功能。

正如读书分幼儿园、小学、中学、大学一样，机器人编程能力结构也不是一个平面，总体来说，编程能力结构也包含以下 5 个层次：

（1）会　对知识点的一般性地、孤立地掌握，这基本上还处于仅仅掌握工具的阶段，大学生或者职业高中生学过机器人并做了几个小项目后，可以说会机器人编程。

（2）熟悉　在这个层次上，意味着能够快速而有效地完成既定的任务，可以说熟悉机器人编程。

（3）分析总结　从"熟悉"到"分析总结"是一个很大的变化。分析是从杂乱无章的表面现象中整理出事物的条理，并抓住事物的主要矛盾。如能在新的项目开始前通过原来老项目中的经验或案例来规避风险等。

（4）全面规划　从"分析总结"到"全面规划"是一个质的飞跃。机器人一般作为下位机，即执行机构，要求完成很多工作，能完成规划，有序地执行规划，这就是修行又有了质的提升，也是一个瓶颈。

（5）趋势运筹　这是更进一层的质的飞跃，不仅要了解相关技术，还要了解不同技术间的因果关系和相互作用，同时需要了解市场需求的变迁。时代总是进步的，科学总是不断地更新换代，可能今天学的，明天就会被淘汰，但是原理始终万变不离其宗，不断学习新的知识，才能不被时代遗弃。

5.1　程序结构

软件结构（Software Structure）是由软件组成成分构造软件的过程、方法和表达。软件结构主要包括程序结构和文档结构。

程序结构有两层含义：一是指程序的数据结构和控制结构；二是指由比程序低一级的程序单位（模块）组成程序的过程、方法和表达。

在安川机器人编程中，顺序结构、选择结构、循环结构是常用的三种编程结构，交叉使用完成编程。

1. 顺序结构

顺序结构表示程序中的各操作是按照它们出现的先后顺序执行的，这种结构的特点是：程序从入口点 a 开始，按顺序执行所有操作，直到出口点 b 处，所以称为顺序结构。

2. 选择结构

选择结构表示程序的处理步骤出现了分支，它需要根据某一特定的条件选择其中的一个分支执行。选择结构有单选择、双选择和多选择三种形式。

3. 循环结构

循环结构表示程序反复执行某个或某些操作，直到某条件为假（或为真）时才可终止循环。在循环结构中最主要的是：什么情况下执行循环？哪些操作需要循环执行？循环结构的基本形式有两种：环型循环和直线型循环。什么情况下执行循环要根据条件判断。

程序详解如下：

```
0000 NOP
0001 MOVJ VJ=100.00
0002 CALL JOB:RESET              顺序结构
0003 *START                      循环结构、顺序结构
0004 CALL JOB:1 IF IN#(1)=ON     选择结构、顺序结构
0005 CALL JOB:2 IF IN#(2)=ON
0006 CALL JOB:3 IF IN#(3)=ON
0007 CALL JOB:4 IF IN#(4)=ON
0008 CALL JOB:5 IF IN#(5)=ON
0009 CALL JOB:6 IF IN#(6)=ON
0010 CALL JOB:7 IF IN#(7)=ON
0011 JUMP *START                 循环结构
0012 END
```

在这段安川机器人程序中，0002 一直是从上到下按顺序执行，所以是顺序结构；在第一次执行到 0011 就会跳入 0003 循环，之后又按顺序执行，所以既是按循环结构执行，也是按顺序结构执行；0004 ～ 0010 程序中，给出信号跳出程序执行完对应程序，再返回程序按顺序结构执行，所以既是按顺序结构执行，也是按选择结构执行。总体来说，任何程序都是按顺序结构执行的。

5.2 结构化语言

结构化语言是专门用来描述一个功能单元逻辑要求的语言。它不同于自然语言，也区别于任何特定的程序语言，是一种介于两者之间的语言。

C 语言就是一种结构化语言，它层次清晰，便于按模块化方式组织程序，易于调试和维护。C 语言的表现能力和处理能力极强。它不仅具有丰富的运算符和数据类型，而且便于实现各类复杂的数据结构。

安川机器人中的结构化语言是指为了简化程序编辑中的描述性和可读性，将依次执行、选择执行、重复执行等基本结构作为 INFORM 命令插入到程序中的语言，可以全部归类为控制命令，按 C 语言来理解。

5.2.1 结构化语言的处理结构和操作

1. 结构化语言的处理结构类型

结构化语言有三种处理结构类型：选择处理、重复处理和依次分支处理。

（1）选择处理 SWITCH ～ CASE ～ DEFAULT ～ ENDSWITCH。

（2）重复处理 WHILE ～ ENDWHILEFOR ～ NEXT。

（3）依次分支处理 IFTHEN ～ ELSEIF ～ ELSE ～ ENDIF。

2. 结构化语言的登录

结构化语言的登录步骤如下：

1）若为新登录，则在程序内容界面中显示命令组一览对话框，如图 5-1 所示。

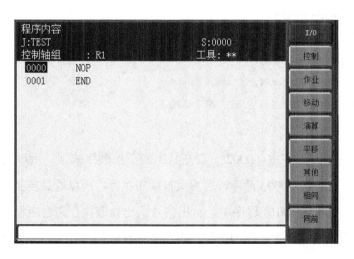

图 5-1

2）选择命令组"控制"，在命令一览中显示结构化语言，如图 5-2 所示。

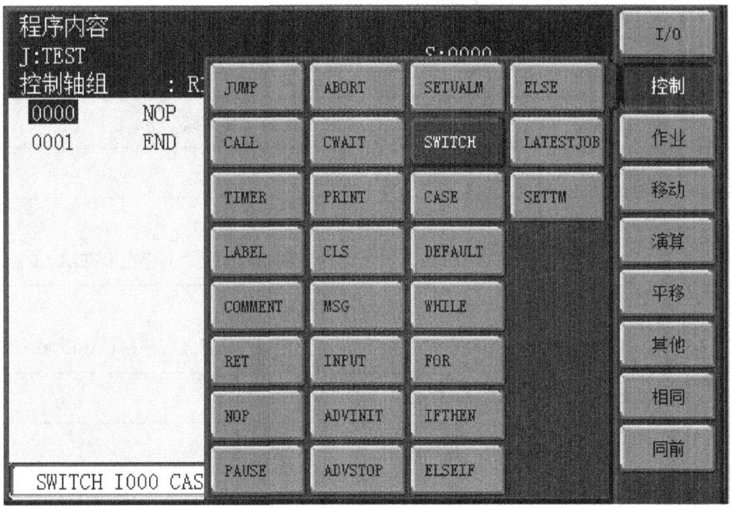

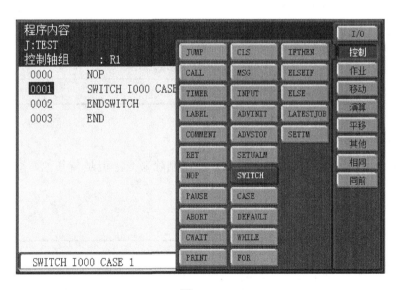

图　5-2

3）选择目标结构化语言，按【回车】键。输入缓冲行显示的命令被登录至程序。此时根据所选的命令，多个命令被同时登录，如图 5-3 所示。

图　5-3

结构化语言需注意以下事项：

1）使用结构化语言，该程序内可插入的程序行总数（最多 10000 行）减少。

2）结构化语言命令只能登录在特定的结构化语言区间。可详查安川公司指令表。

3）若对结构化语言的内容进行修正，修正行以外的命令也可能同时发生变更。

4）若将程序保存到外部存储器中，可能会与程序内容界面的格式不同。

5）结构化语言新登录时的动作见表 5-1。

表　5-1

结构化语言	命令登录时的动作
SWITCH	同时登录 ENDSWITCH 命令
CASE	1）未在 SWITCH ～ ENDSWITCH 的区间内 2）某 SWITCH ～ ENDSWITCH 区间内，在插入位置之前存在 DEFAULT 命令
DEFAULT	1）未在 SWITCH ～ ENDSWITCH 的区间内 2）某 SWITCH ～ ENDSWITCH 区间内，在插入位置之后存在 CASE 命令
ENDSWITCH	此命令在命令一览中不显示
WHILE	同时登录 ENDWHILE 命令
ENDWHILE	此命令在命令一览中不显示
FOR	同时登录 NEXT 命令
NEXT	此命令在命令一览中不显示
IFTHEN	同时登录 ENDIF 命令
ELSEIF	1）未在 IFTHEN ～ ENDIF 的区间内 2）某 IFTHEN ～ ENDIF 区间内，在插入位置之前存在 ELSE 命令
ELSE	1）未在 IFTHEN ～ ENDIF 的区间内 2）某 IFTHEN ～ ENDIF 区间内，插入位置之后存在 ELSEIF 命令
ENDIF	此命令在命令一览中不显示

3. 结构化语言的删除

已登录命令可通过【删除】→【回车】操作删除命令，但是与其他命令不同，有可能同时删除多行，见表 5-2。

表　5-2

结构化语言	命令编辑时的动作
SWITCH	删除 SWITCH ～ ENDSWITCH 间的所有命令
CASE	仅删除 CASE 命令
DEFAULT	仅删除 DEFAULT 命令
ENDSWITCH	该命令行不可删除
WHILE	删除 WHILE ～ ENDWHILE 间的所有命令
ENDWHILE	该命令行不可删除

（续）

结构化语言	命令编辑时的动作
FOR	删除 FOR ～ NEXT 间的所有命令
NEXT	该命令行不可删除
IFTHEN	删除 IFTHEN ～ ENDIF 间的所有命令
ELSEIF	仅删除 ELSEIF 命令
ELSE	仅删除 ELSE 命令
ENDIF	该命令行不可删除

5.2.2　结构化语言嵌套

可在结构化语言的某个区间内插入其他结构化语言区间。

下述程序例中，虚线区间中的处理（I001=1 ～ 20，重复 20 次）会按照实线区间内的次数（I000=1 ～ 10，重复 10 次）执行，因此"INC B000"将执行 20×10=200 次。

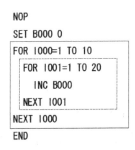

```
NOP
SET B000 0
FOR I000=1 TO 10
  FOR I001=1 TO 20
    INC B000
  NEXT I001
NEXT I000
END
```

插入空格（半角空格）显示某区间内插入的命令，可以确认级别的不同。每个级别的空格长度及允许的嵌套级别可通过表 5-3 所示参数进行设定。

表　5-3

参　数	含　义		初　始　值
S2C693	结构化语言	嵌套时的空格字符数	0
	1 ～ 4 0	空格长度：1 ～ 4 空格长度：1B	
S2C694	结构化语言	嵌套级别最大值	0
	1 ～ 20 上述以外	嵌套级别最大为 20 嵌套级别最大为 10	

空格长度 1B（1 字节）与 4B（4 字节）的区别如图 5-4 所示。

```
0000 NOP
0001 FOR I000 = 0 TO 10
0002   INC B000
0003 NEXT I000                    1B
0004 END
```

```
0000 NOP
0001 FOR I000 = 0 TO 10
0002       INC B000
0003 NEXT I000                    4B
0004 END
```

图　5-4

5.3　常用选项功能的应用

什么叫选项功能？选项，即可供使用者挑拣的条目。选项功能，即可供使用者挑拣的功能。为什么需要这些选项功能呢？在特定的情况下，标准要求不满足使用要求时，就需要考虑选项功能，也可能是为了编程方便而加入选项。这节为大家介绍常用的几个选项的应用，主要讲解有选项时的编程。

5.3.1　伺服浮动

安川机器人伺服浮动功能又称软伺服，它不仅控制机器人的位置，而且控制机器人力度。通常机器人只有位置受到控制，即便外部有外力施加，机器人也保持现在位置不动。此时，若使用伺服浮动功能，可根据外部所给力度灵活控制机器人位置以及姿势。伺服浮动功能中转矩控制优先于位置控制，受到外力时机器人因外力而驱动。所谓"转矩控制"，是指为了对抗重力和摩擦力，仅用转矩来保持指令位置的控制方法，即使受到外力移动，也不能返回原来的位置。

如从压铸机中取出工件的作业，抓住工件后将工件拉出时，压铸机的推出气缸会对机器人施加很大的外力。此时，若机器人不通过伺服浮动功能夹持工件，机器人会对外部挤出力进行抵触，为了保持示教位置，取出作业就不能顺利进行。如果利用伺服浮动功能，机器人会根据外部的挤出力灵活动作，工件能顺利被取出。

另外，执行伺服浮动功能时，由于不能完全控制位置，有时不会完全按照示教位置、示教轨迹进行动作。

1. 功能

伺服浮动功能由关节伺服浮动功能和直线伺服浮动功能组成，这两种功能可通过伺服浮动命令的设定进行区分使用。

（1）关节伺服浮动功能　机器人各轴上进行伺服浮动。当只针对机器人特定轴施加力度，但是哪个方向产生力不清楚时，可将伺服浮动适用于机器人全轴上。

（2）直线伺服浮动功能　通过机器人坐标、基本坐标、用户坐标、工具坐标等各坐标系的坐标轴单位进行伺服浮动，可用于各坐标系的某一方提高受力的情况。

在安川机器人编程中，使用伺服浮动功能具有以下优点：

1）可以让机器人进行追加外力的作业。

2）没有追加硬件。因此无需检测外力的传感器，从而可以低成本实现给机器人施加外力的作业。

如果有一个外部的力干扰机器人作业，当伺服浮动功能有效时，这个机器人就不能到达示教位置。即使机器人不能真正地到达示教位置，这个移动指令仍然是有效的，所以移动指令结束。

因此，当机器人是由于外力而不能到达示教位置时，机器人会执行下一条指令，如图5-5所示。

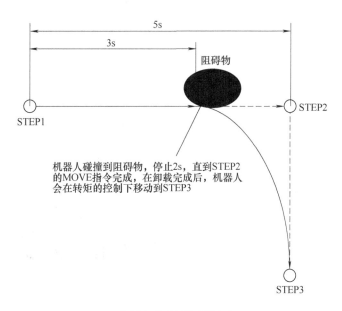

机器人碰撞到阻碍物，停止2s，直到STEP2的MOVE指令完成，在卸载完成后，机器人会在转矩的控制下移动到STEP3

STEP 1　MOVL V=100.0
　　　　FLOATON FL#(1)
STEP 2　MOVL V=100.0
STEP 3　MOVL V=100.0
　　　　FLOATOE

图　5-5

图5-5说明了操作时间是5s，从STEP1移动到STEP2。如果机器人在STEP1后受到阻碍后等待了3s，并且停止下来，那么机器人将会在这个位置再持续停止2s，之后在转矩的

控制下，不经过 STEP2 直接移动到 STEP3。

2. 功能指令

在使用伺服浮动时，安川机器人在什么时候浮动呢？那就首先需要设定浮动条件。因为伺服浮动功能分关节伺服浮动功能和直线伺服浮动功能，所以伺服浮动条件文件也有两种，即关节伺服浮动功能指定的关节伺服浮动条件文件和直线伺服浮动功能指定的直线伺服浮动条件文件。

（1）关节伺服浮动条件文件的设定

1）选择主菜单的"机器人"，选择"关节伺服浮动"，显示关节伺服浮动界面，如图5-6所示。

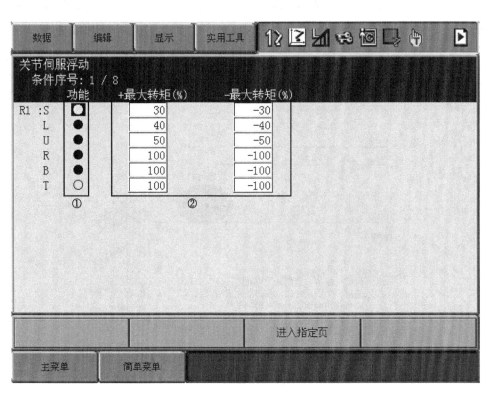

图 5-6

关节伺服浮动条件文件的界面设定介绍如下：

①"●"为有效，"○"为无效。各轴设定关节伺服浮动功能的有效/无效，通过按【选择】键来交替切换。

②＋最大转矩/－最大转矩。为了维持位置控制，限制所需产生的转矩，对各轴设定相对于电动机额定转矩的正、负比率。如果此设定值较小，所设定的轴受到外力影响时更易运动，受重力作用的轴可能会坠落，导致人员受伤或机械损坏。

2）设定所需项目。

① 按【选择】键转至数值输入状态。

② 用数值键输入转矩值。

按【回车】键即可完成关节伺服浮动条件文件的设置。

（2）直线伺服浮动条件文件的设定

1）选择主菜单的"机器人"，选择"直线伺服浮动"，显示"直线伺服浮动"界面，如图5-7所示。

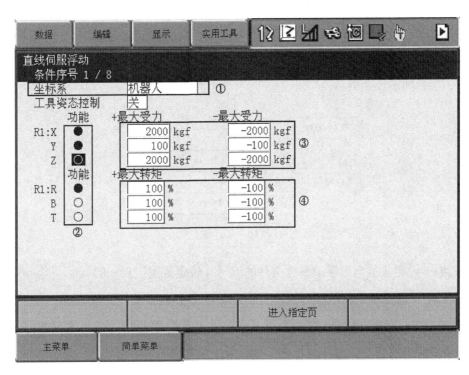

图 5-7

直线伺服浮动条件文件的界面设定介绍如下：

① 坐标系：设定执行直线伺服浮动功能的坐标系，从机器人坐标、基座坐标、用户坐标、工具坐标中选择。

② 功能：对各轴设定直线伺服浮动功能的有效／无效，"●"为有效，"○"为无效，按【选择】键交替切换有效与无效。

③ ＋最大受力／－最大受力：为了维持各坐标轴的位置控制，限制所需产生的力。直线伺服浮动功能有效时，产生的力不会大于该设定值。如果此设定值较小，所设定的坐标轴方向受到外力影响时更易运动。但是如果设定的力小于机器人的摩擦力，则可能导致不动作。

④ ＋最大转矩 / 一最大转矩：为了维持 R、B、T 轴的位置控制，限制所需产生的转矩，对各轴设定相对于电动机额定转矩的正、负比率。如果此设定值较小，则所设定的轴受到外力影响时更易运动。

2）设定所需项目。

① 按【选择】键转至数值输入状态。

② 用数值键输入转矩值。

按【回车】键即可完成直线伺服浮动条件文件的设置。

（3）伺服浮动功能指令　完成伺服浮动功能设定后，来认识一下伺服浮动功能的指令：

1）FLOATON 命令。FLOATON 命令是启动关节伺服浮动功能或直线伺服浮动功能的命令，附加项目如图 5-8 所示。

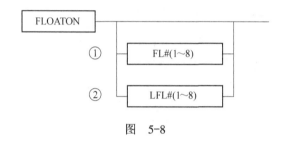

图　5-8

① FL#()：设定关节伺服浮动条件文件的编号（设定范围：1 ～ 8）。

② LFL#()：设定直线伺服浮动条件文件的编号（设定范围：1 ～ 8）。

2）FLOATOF 命令。FLOATOF 命令是结束关节伺服浮动功能或直线伺服浮动功能的命令，切断伺服也可结束伺服浮动功能，没有附加项目。

3）SPDL 标签。SPDL 标签是所有轴的速度反馈脉冲到一定值以下时，确认运行结束停止的标签。附加 SPDL 标签后，由于外力的作用，机器人在运行期间即使移动命令结束了也不会执行下一个命令。需将 SPDL 标签附加在 FLOATOF 命令之前的移动命令中，用于确认外力的结束。SPDL 标签仅需设定"0"。SPDL 标签示例：

MOVJ VJ=50.00 SPDL=0

（4）指令的登录　选择主菜单的"程序"，选择"程序内容"，显示程序内容界面，将光标移至地址区域，如图 5-9 所示。

1）登录 FLOATON 命令。

① 将光标移至要登录 FLOATON 命令的位置前一行，按【命令一览】键，显示"命令一览"对话框，如图 5-10 所示。

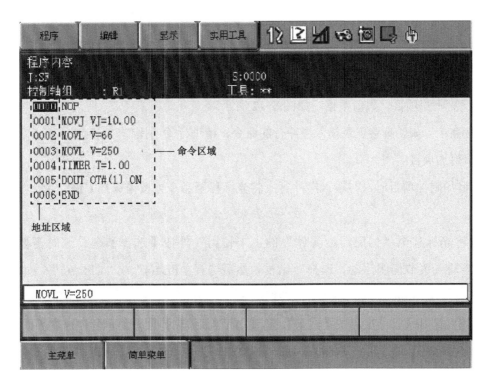

图 5-9

图 5-10

② 选择"FLOATON"命令,输入缓冲行显示"FLOATON"命令,如图 5-11 所示。

```
FLOATON
```

图　5-11

③ 变更附加项目、数值数据，如图 5-12 所示。

直接登录：如要直接登录输入缓冲行的命令，请进行④的操作。

编辑附加项目：

a. 追加附加项目时，在输入缓冲行上将光标移至命令处按【选择】键，使之显示详细编辑界面。

b. 将光标移至"伺服浮动文件"的"未使用"处按【选择】键。这时需要选择直线伺服浮动或关节伺服浮动，选择对话框，然后选择"FL#()"或"LFL#()"，如图 5-13 所示。

c. 追加附加项目结束后按【回车】键，关闭详细编辑界面，显示程序内容界面。

④ 按【追加】键，再按【回车】键，输入缓冲行显示的命令被登录。

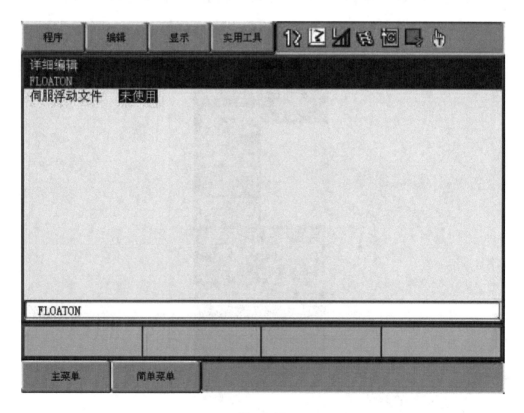

图　5-12

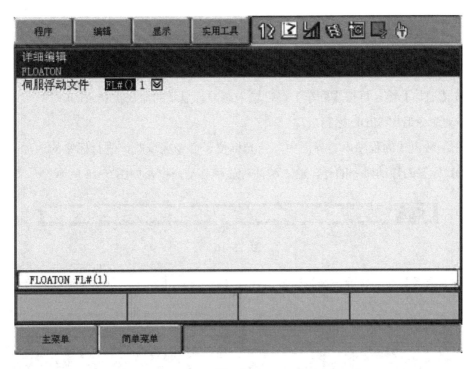

图　5-13

2）登录"FLOATOF"命令。

①将光标移至"FLOATOF"命令登录位置的前一行，按【命令一览】键，显示"命令一览"对话框，如图 5-14 所示。

图　5-14

②选择"FLOATOF"命令，输入缓冲行显示"FLOATOF"命令，如图 5-15 所示。

FLOATOF

图 5-15

③ 按【追加】键，再按【回车】键，输入缓冲行显示的命令被登录。

向移动命令追加 SPDL 标签：

① 在示教模式的程序内容界面中，当光标位于命令区域时，进行标签的追加。选择要追加 SPDL 标签的移动命令的行，输入缓冲行显示移动命令，如图 5-16 所示。

MOVL V=66 SPDL=0

图 5-16

② 按【选择】键，显示详细编辑界面，如图 5-17 所示。

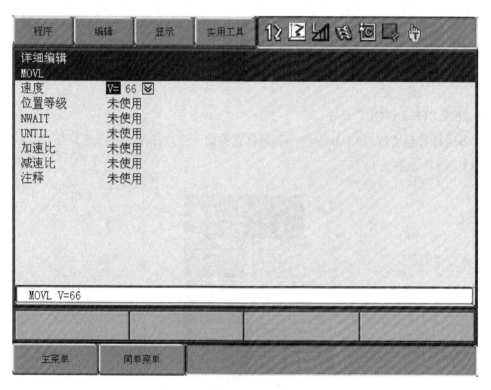

图 5-17

③ 将光标移至"位置等级"的"未使用"处按【选择】键，显示"选择"对话框，选择"SPDL="。"SPDL="追加结束后按【回车】键，关闭详细编辑界面，显示程序内容界面。

④ 按【追加】键，再按【回车】键，输入缓冲行显示的命令被登录。

3. 实例程序解析

从压铸机中抓住工件后将工件拉出时，机器人将承受很大的外力。以下将以此为例说明此类作业中伺服浮动功能的应用，动作如图 5-18 所示。

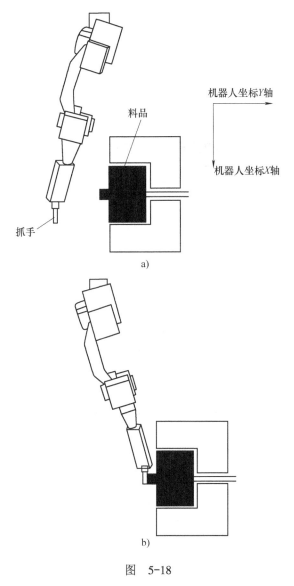

图　5-18

a）向抓取开始点移动　b）抓取料品

动作说明：从待机点向抓取开始点移动，实施停止延时后执行伺服浮动功能。在伺服浮动功能状态下抓取料品，抓取后输出开始推出指令信号，实施拉拔动作，压铸机按照开始推出指令信号实施推出动作，从而将安川机器人推出，压铸机在推出完成位置输出推出结束信号，安川机器人也因该信号而结束伺服浮动功能，如图 5-19 所示。返回常规动作，抓住工件执行退避动作，最后将工件取到指定位置。

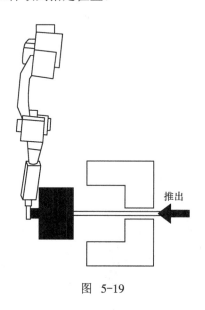

推出

图 5-19

程序详解（程序仅作为参考）：

0000 NOP		
0001 MOVJ VJ=50.0	待机点	
0002 MOVL V=300.0	工件抓取点	
0003 TIMER T=0.50	执行机器人停止等待延时 0.5s	
0004 FLOATON LFL#(1)	开始执行直线伺服浮动功能	
0005 DOUT OT#(10)=1	使抓取指令信号打开	
0006 WAIT IN#(10)=1	等待抓取回应信号	
0007 DOUT OT#(11)=1	使压铸机开始推出的指令信号	
0008 MOVL V=50.0 UNTIL IN#(11)	执行拉拔动作。运行过程中输入推出结束信号，动作结束	
0009 TIMER T=0.50	执行机器人停止等待延时 0.5s	
0010 FLOATOF	结束执行直线伺服浮动功能	
0011 MOVL V=300.0	退避点	
0012 MOVJ VJ=50.0	放入工件的位置点	
0013 END		

本例中压铸机的推出方向与机器人坐标的 Y 轴一致。如果推出方向与机器人坐标不一致，应将推出方向定义为用户坐标，并将坐标系设定为"用户坐标"。直线伺服浮动条件文件的设定如图 5-20 所示。

本例中，若将"FLOATON"命令的文件指定为 LF#，即指定了关节伺服浮动条件文件。由于 S 轴根据压铸机推出气缸的力进行动作，因此将 S 轴的最大转矩设定为"0"。为了避免因负载变动导致轴的坠落、上升，将 L、U 轴的最大转矩设定为"30"。由于是形成工具姿态的轴，因此将 R、B、T 轴的最大转矩设定为"100"。应以这些设定为大致标准，视情况进行调整分配，如图 5-21 所示。

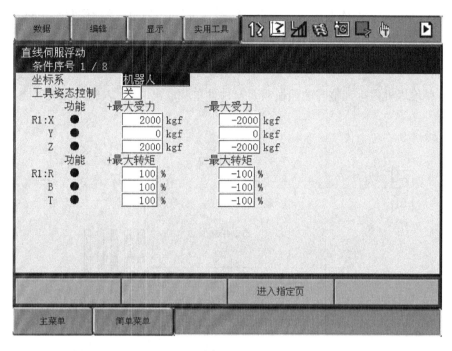

图 5-20

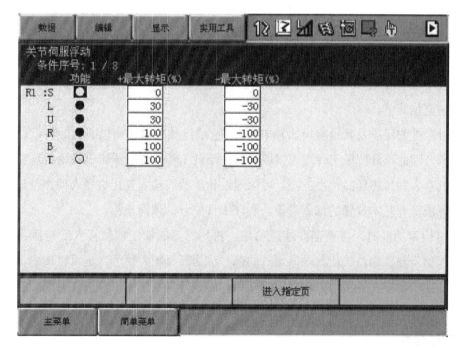

图 5-21

5.3.2 检索功能

所谓检索功能，就是通过各种通用检测传感器，利用该传感器检测信号，停止机器人进行下一步作业，即检索作业对象（搜索）功能。进行作业的对象物位置不定时，使用此功能可检出对象物位置，并补偿示教位置和检出位置的偏差后进行作业。

1. 功能

例如，在堆垛机内排列整齐的面板需要一件件单独取出时，可以使用检索功能，如图5-22所示。

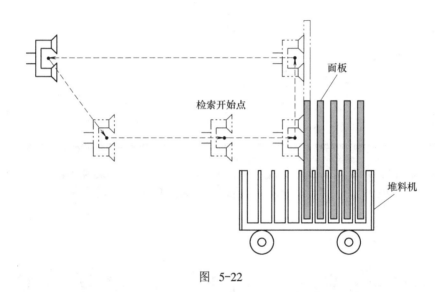

图 5-22

在安川机器人编程中，使用检索功能具有以下优点：

（1）程序可以简化　一般的程序只需对工件数量进行示教，不过由于机器人会检索工件移动，程序更加简单。

（2）对工件的保护及其他应用比较丰富多样　通过传感器结束机器人的接近动作，开始下一步动作，因此过分挤压工件造成损坏或者达不到工件位置造成错误吸附的现象会相应减少。根据机器人和传感器的使用方法，可以通过传感器的输入停止机器人动作，记录该停止位置并计算出离开基本位置的偏置量等，实现工件位置的偏离检测。

在使用检索功能时，特别需要注意的是：将传感器的输出信号接入安川机器人控制柜的直接输入信号输入端口。从此端口输入的信号称为直接输入信号。也可将传感器的输出信号通过上位控制器接入直接输入信号输入端口，但预计会发生因上位控制器的扫描时间而导致的偏差。因此，建议将传感器的输出信号直接连接至控制柜。

2. 功能指令

在使用安川机器人的检索功能时，是否也需要像伺服浮动功能一样先进行条件设定呢？

答案是不需要，但是需要在 RIN 输入状态界面进行直接输入信号的接入确认，步骤如下：

选择主菜单中的"输入 / 输出"，选择【RIN】，显示 RIN 输入状态界面，如图 5-23 所示。

"●"表示在 ON 状态下接入直接输入信号，"○"表示在 OFF 状态下未接入直接输入信号。

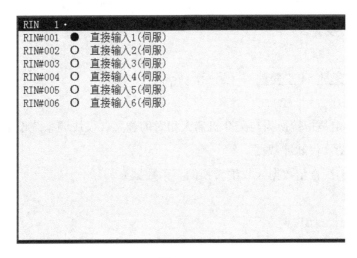

图 5-23

（1）SRCH 命令（MOVL/IMOV/SMOVL 的附加项）　执行指定的移动命令时，执行检索动作，可在 MOVL/IMOV/SMOVL 移动命令中设定。

命令构成：

MOVL 位置型变量 V ＝速度 SRCH RIN#(直接输入编号) ＝状态 T ＝时间 DIS ＝距离

1）位置型变量：指机器人（P）的位置型变量。

2）速度：控制点速度（设定为直线不会弯曲的速度）。

3）直接输入编号：1 ～ 3。

4）状态：直接输入编号的状态，ON/OFF 或 B 型变量。

5）距离：由位置型变量指定的目标点的偏离量，以 0.1mm 为最小单位。

6）时间：直接输入信号开始接收校验延迟的时间（以 s 为单位）。

接收到直接输入信号时，在 $B002 设定"1"；未接收到直接输入信号时，在 $B002 设定"0"。

程序举例：MOVL P000 V=138 SRCH RIN#(1)=ON T=1.00 DIS=10.0

（2）GETS 命令（演算指令）　GETS 命令将系统变量保存至用户变量中。

命令构成：

GETS 〈用户变量〉〈系统变量〉

GETS 命令中需要注意以下几点：

1）应确保用户变量和系统变量的类型一致。

2）可指定位置型变量的只有 PX 变量。

3）PX 变量是指依赖于程序的位置型变量，一台机器人的程序中，PX000 和 P000 相同。

程序举例：GETS PX000 $PX000

（3）CNVRT 命令（演算指令）　CNVRT 命令将脉冲型的位置型变量转换为指定坐标系的 XYZ 型的位置型变量。

命令构成：

CNVRT　　PX 变量　　PX 变量　　〈坐标〉

　　　　　　　　(B)　　　　　(A)

主工具坐标指定是指转换为与配套机器人相对的位置（仅协调系统设定时）。

1）PX 变量 (A)：仅脉冲数据。

2）PX 变量 (B)：直角数据（收纳转换的直角数据）。

3）坐标包括：

基座坐标：　　　　　　BF

机器人坐标：　　　　　RF

工具坐标：　　　　　　TF

用户坐标：　　　　　　UF

主工具坐标：　　　　　MTF

程序举例：CNVRT PX000 PX001 BF

（4）MSHIFT 命令（平移指令）　MSHIFT 命令由基准位置和目标位置在指定的坐标系中计算偏移量。

命令构成：MSHIFT 〈数据 1〉 〈坐标〉 〈数据 2〉 〈数据 3〉

程序举例：MSHIFT PX000 RF PX001 PX002

3. 实例程序解析

本例动作解析如下：

1）机器人进行面板搬运作业时，机器人向检索开始点移动，如图 5-24 所示。

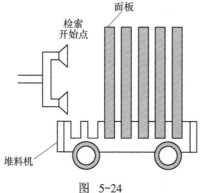

图 5-24

2）机器人进行检索动作的同时，低速向目标点移动。当到达能抓住面板的位置时，来自传感器的输入信号（直接输入信号）接通，机器人停止动作，此时计算检索开始点和检出位置的偏差量，如图 5-25 所示。

3）根据算出的偏差量，补偿程序进行作业，如图 5-26 所示。

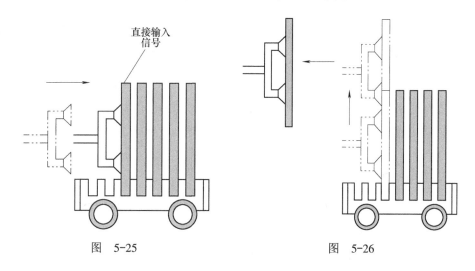

图　5-25　　　　　　　　　　　　　　　图　5-26

在使用检索功能时，安川机器人的动作如图 5-27 所示。若和接近方向有偏差，当检测出面板，在接近动作结束时，下一个动作（即向上拔出工件的动作）开始。

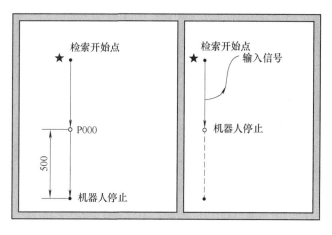

图　5-27

以图 5-27 为例编制程序（JOB）如下：

MOVJ VJ=40

MOVJ VJ=40   ★

MOVL P000 V=10.0 SRCH RIN#(1)=ON DIS=500.0   检索指令

MOVL V=100.0

MOVL V=100.0

检索命令说明

P000：目标点 (变量示教)；

RIN#(1)：直接输入编号 (1 ～ 3)；

DIS：离开目标点的偏离量 (设定单位为 mm)。

程序说明：

1）从检索开始点（★标记）到变量 P000 定义的位置，直线补差，以速度 10.0mm/s 进行动作。进而和动作开始同步，开始监测 IN 01 信号，直到接收到为止。

2）动作开始后，若有信号接收，机器人立即停止动作；若没有信号接收，机器人在离开 P000 定义的位置 500mm 处停止动作。此时，机器人是在无信号接收下停止的，还是在有信号接收下停止的，可由系统变量进行判断。

5.3.3　定型切割功能

在安川机器人编程中，定型切割功能是指利用安川机器人握持的激光切割机等设备，将工件切割为某种形状的加工动作。定型切割功能就是根据切割形状设定文件中设定的条件，通过专用命令的执行，让机器人按照指定的图形动作的功能。定型切割功能可以运用在机器人所带的激光切割机中，将工件切割成某种形状，如图 5-28 所示。

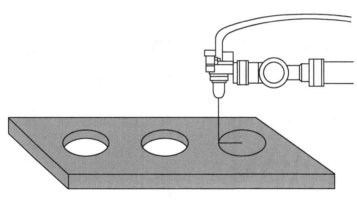

图　5-28

1. 功能

在安川机器人编程中，定型切割功能可以定型切割的图形有圆、长方形、长孔、五角形和六角形等，如图 5-29 所示。

在使用定型切割功能时，根据校准状态、周围温度、机械手的负载状态等的不同，实际的定型切割动作轨迹与设定图形相比，有可能产生一定的误差。

在安川机器人编程中，定型切割功能通过对命令的记录来完成示教。在向切割动作开始点移动的阶段，需移动机器人轴，用 FORMAPR 命令记录下定型切割图形的中心位置。

在切割动作开始的这一步（FORMAPR 命令的下一步），需登录 FORMCUT 命令，其示教
中心位置如图 5-30 所示。

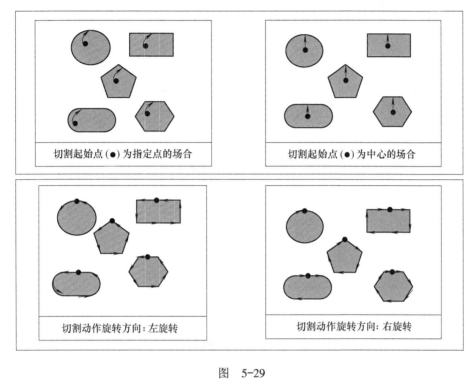

图　5-29

图　5-30

FORMCUT 命令通过将形状切割设定文件的"开始点"设在中心位置，或者设为指定点，即可以使切割动作从图形的中心或图形附近的点开始执行。使用定型切割的路径，当"开始点"为中心点时，如图 5-31 所示。

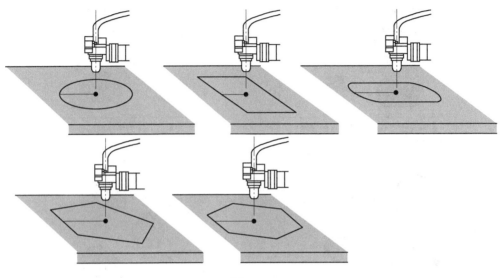

图 5-31

使用定型切割的路径，当"开始点"为指定点时，如图 5-32 所示。

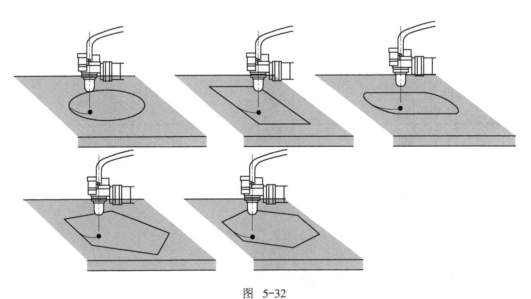

图 5-32

使用定型切割功能具有以下优点：

1）示教时间缩短（相对于不使用此功能）。使用通常的移动命令，进行指定图形动作场合，需要登录多个示教位置。而若使用本功能，选择定型切割动作命令，仅登录示教位置一点即可按照指定图形动作，示教时间可以大幅缩短。另外，仅通过文件设定，就可简单变换图形形状。

2）轨迹精度提高。定型切割动作中，适用沿动作图形的专用动作控制，因此相比通常的移动命令，动作轨迹精度进一步提高了。

3）为了将实际定型切割时的动作轨迹与设计图形间的误差降到最低，在使用本功能之前，应严格实施工具校准。

2. 功能指令

安川机器人使用定型切割功能也需要设定切割条件文件，使用命令驱动，如图 5-33 所示。

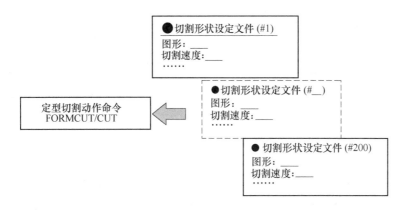

图 5-33

其切割功能文件需要图 5-34 所示的数据。

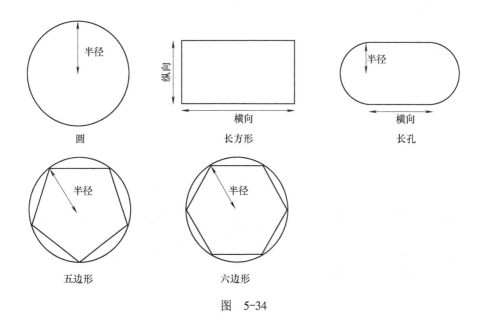

图 5-34

图形的最小设定值与最大设定值可通过以下参数更改：

S1C □ G63 最小设定值：1000μm

S1C □ G64 最大设定值：1000000μm

图形数据的最小值及最大值被设定的数值见表 5-4。

表　5-4

图形名称	内　容	最　小　值	最　大　值
圆	半径	(S1C □ G63) /2	(S1C □ G64) /2
长方形	横向	1	(S1C □ G64)^2- 纵向设定值^2
	纵向	(S1C □ G63) /2	(S1C □ G64)^2- 纵向设定值^2
长孔	横向	(S1C □ G63) /2	(S1C □ G64) /2- 横向设定值 /2
	半径	0	(S1C □ G64) -2× 半径设定值
五边形	半径	(S1C □ G63) /2	(S1C □ G64) /2
六边形	半径	(S1C □ G63) /2	(S1C □ G64) /2

定型切割的登录步骤如下：

1）选择主菜单的【弧焊】，选择【形状切断】，如图 5-35 所示。

图　5-35

2）以圆形为例，将数据输入图 5-36 即可。

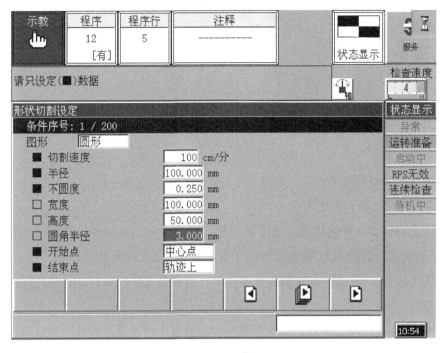

图　5-36 ⊖

在定型切割中，切割宽度补偿功能是很重要的。切割宽度补偿功能是指，通过对激光切割时的切割宽度进行缩放移位，来调整定型切割动作轨迹的功能，按以下参数执行：

S3C1191 切割宽度补偿值（0.001mm 单位）：0mm（初始值）

参数中，应将数值设为激光切割时切割宽度的 1/2。这样，在定型切割动作进行中，就会按照设定的参数值进行补偿。以长孔切割为例说明轨迹补偿的发生过程。其他定型切割图形的动作轨迹补偿与长孔相同。切割宽度补偿前与补偿后，圆的中心位置无变化，如图 5-37 所示。

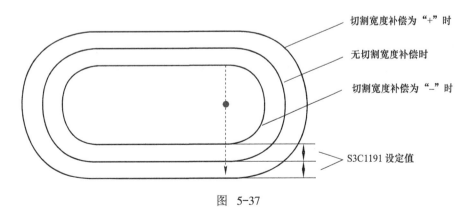

图　5-37

⊖ 图中不圆度即为圆度。

（1）FORMCUT 命令（定型切割动作命令）　FORMCUT 命令是指按照形状切割设定文件中所设定的条件的形状，执行定型切割动作的命令。切割形状设定文件之外的内容可省略，如图 5-38 所示。

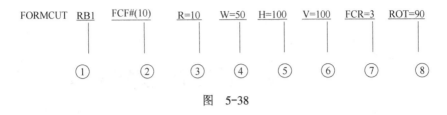

图 5-38

图 5-38 中指令详解如下：

① 机器人指定：指定机器人。

② 形状切割设定文件的指定：在形状切割设定文件中，记录形状切割动作的形状及尺寸等。形状切割动作会按照 FORMCUT 命令指定的号码文件的条件执行。

③ 半径（mm）：在②中指定的文件条件中，需要更改半径时在此处进行设定。③优先于②的半径。

④ 宽度（mm）：在②中指定的文件条件中，需要更改宽度时在此处进行设定。④优先于②的宽度。

⑤ 高度（mm）：在②中指定的文件条件中，需要变更高度时在此处进行设定。⑤优先于②的高度。

⑥ 切割速度（cm/min、mm/min、in/min）：在②中指定的文件条件中，需要变更切割速度时在此处进行设定。⑥优先于②的切割速度。

⑦ 圆角半径（mm）：在②中指定的文件条件中，需要变更圆角的半径时在此处进行设定。⑦优先于②的圆角半径。

⑧ 旋转角度：在②中指定的文件条件中，需要变更旋转角度时在此处进行设定。⑧优先于②的旋转角度。

（2）FORMAPR 命令（定型切割开始移动命令）　FORMAPR 命令是指根据在切割形状设定文件中设定的条件，向定型切割动作的开始位置移动的命令。FORMAPR 命令的附加内容如下所示。其中，位置变量、切割形状设定文件以外的部分可省略，如图 5-39 所示。

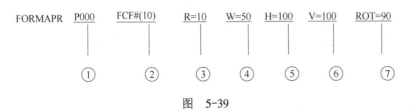

图 5-39

图 5-39 中指令详解如下：

① 图形中心的位置变量记录：使用位置变量记录定型切割图形的中心。

② 形状切割设定文件指定：按照 FORMAPR 命令指定的编号文件的条件，移动到定型切割动作开始点。

③ 半径（mm）：如需在②中指定的文件条件中更改半径，在此处进行设定，③优先于②的半径。

④ 宽度（mm）：如需在②中指定的文件条件中更改宽度，在此处进行设定，④优先于②的宽度。

⑤ 高度（mm）：如需在②中指定的文件条件中更改高度，在此处进行设定，⑤优先于②的高度。

⑥ 切割速度（cm/min、mm/min、in/min）：如需在②中指定的文件条件中更改切割速度，在此处进行设定，⑥优先于②的切割速度。

⑦ 旋转角度：如需在②中指定的文件条件中更改旋转角度，在此处进行设定，⑦优先于②的旋转角度。

3. 实例程序解析

以图 5-40 所示的定型切割为例进行说明。

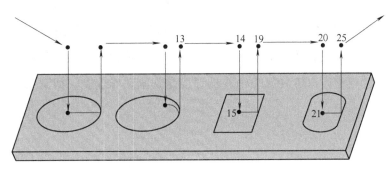

图　5-40

其切割程序详解如下：

0001 各轴	
0002 各轴	
0003 FORMAPR P000 FCF#(1)	向开始点（中心）移动
0004 FN80[90]	调出激光 ON 等的动作开始程序
0005 FORMCUT FCF#(1)	切割动作（圆）
0006 FN80[91]	调出激光 OFF 等的动作结束程序
0007 直线	

0008 各轴	
0009 FORMAPR P001 FCF#(2) R=10.000	向开始点（指定点）移动
0010 FN80[90]	调出激光 ON 等的动作开始程序
0011 FORMCUT FCF#(2) R=10.000	切割动作（圆）
0012 FN80[91]	调出激光 OFF 等的动作结束程序
0013 直线	
0014 各轴	
0015 直线	向开始点（中心）移动
0016 FN80[90]	调出激光 ON 等的动作开始程序
0017 FORMCUT FCF#(3)	切割动作（长方形）
0018 FN80[91]	调出激光 OFF 等的动作结束程序
0019 直线	
0020 各轴	
0021 直线	向开始点（中心）移动
0022 FN80[90]	调出激光 ON 等的动作开始程序
0023 FORMCUT FCF#(4)	切割动作（长孔）
0024 FN80[91]	调出激光 OFF 等的动作结束程序
0025 直线	

定型切割功能通过对 FORMAPR 命令与 FORMCUT 命令的记录来完成示教。FORMAPR 命令是向切割动作开始点移动的命令，FORMCUT 命令是切割动作命令。除"速度"以外的 FORMAPR 命令与 FORMCUT 命令的标签内容（切割图形设定文件号等），应设为相同的值。设定的值不同时，FORMAPR 命令的值会生效。FORMAPR 命令的速度是向开始点的移动速度，FORMCUT 命令的速度是切割动作速度。切割某一形状的程序如图 5-41 所示。

程序解析：

序号 5：各轴	向过渡点移动
序号 6：FORMAPR P000 FCF#(1) V=50	向开始切割点移动
FORMCUT FCF#(1)	开始切割
序号 7：直线	向退出点移动

FORMAPR 命令与 FORMCUT 命令之间不要插入移动命令。如果输入移动命令，会导致机器人无法正常动作，或者发生报警。

当然很多切割行业，如 3D 切割，更适合使用 CAM 功能。安川机器人的离线编程软件 MotoSimEG-VRC 也支持 CAM 功能，做好轨迹后，首尾的点加上开关枪指令，也可以做得很好。

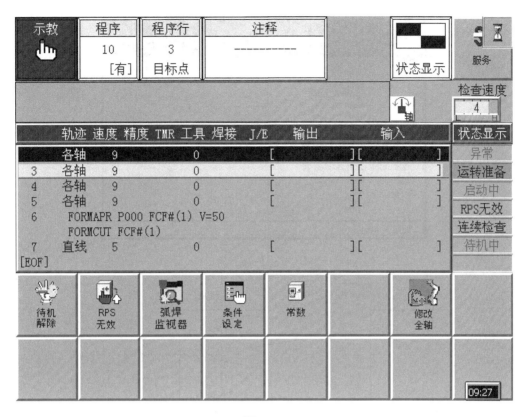

图 5-41

5.3.4 中断程序

中断程序是为处理中断事件而事先编好的程序，中断程序不是由程序调用，而是在中断事件发生时由操作系统调用。

1. 功能

在安川机器人编程中，中断程序是 JOB 呼叫中的一种。中断 JOB 功能，就是根据周边机器人以及其他系统的中断信号中断执行中的 JOB，临时执行与此中断信号相对应的 JOB 的一种功能。

一般中断处理的主要步骤分别是中断请求、中断判优、中断响应、中断处理和中断返回。在安川机器人中也不例外，如图 5-42 所示。

设定中断水平（中断信号的优先顺序）、中断信号、中断 JOB 关系的表称为中断 Table。输入中断 Table 中设定的通用输入信号，与该信号相对应的中断 JOB 被叫出。中断 JOB 处理结束后，返回初始 JOB，从中断时光标所在行的开始行处执行命令，如图 5-43 所示。

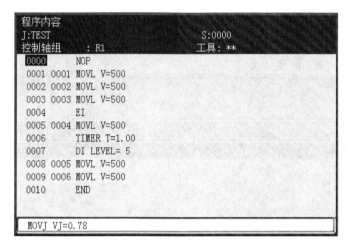

图 5-42

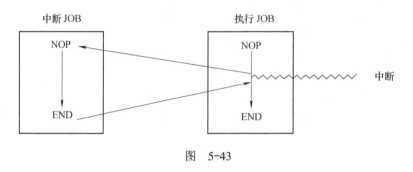

图 5-43

使用中断程序的优点是：周边机器和其他系统异常时，让机器人紧急逃脱的命令有效。

2. 功能指令

使用中断程序，需要对功能进行简单的设置：打开示教器，单击【程序内容】，再选择【中断程序】，弹出如图 5-44 所示对话框。

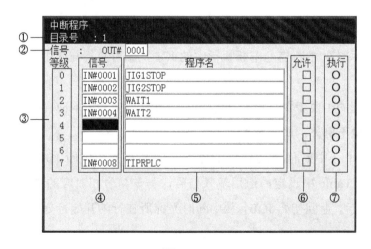

图 5-44

图 5-44 对话框中各序号含义如下：

① 标题栏编号。

② 用户输出信号，输出一个中断程序正在执行的信号。

③ 中断级别：显示中断信号的优先级，中断级别数量越小，优先级越高，可以设置八个等级（从 0 ～ 7）。

④ 用户输入信号作为中断触发信号。

⑤ 一个中断信号对应一个程序名称。

⑥ 是否启用该中断程序。

⑦ 该中断程序是否在执行中。

在命令一览中可以找到相应指令：EI（启用中断）指令和 DI（禁用中断）指令，可以指定不同的中断级别 EI 和 DI。

3. 实例程序解析

如图 5-45 所示，描述了中断程序接续后继续运行 Step4，也就是继续执行中断程序后未完成的点位 0005 行。

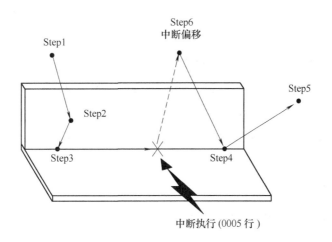

图　5-45

程序如下：

执行程序：

0000 NOP

0001 EI   启用中断

0002 MOVJ   Step1

0003 MOVL   Step2

0004 MOVL   Step3

```
0005 MOVL                          进入中断程序
0006 DOUT OT#(1)ON
0007 MOVJ                          Step5
0008 DI                            禁用中断
……
0025 END

中断程序：
0000 NOP
0001 MOVJ                          Step6
0002 DOUT OG(2)5
0003 RET
0004 END
```

5.3.5　宏命令

　　计算机科学里的宏（Macro）是一种批量处理的称谓。一般来说，宏是一种规则或模式，或称语法替换，用于说明某一特定输入（通常是字符串）如何根据预定义的规则转换成对应的输出（通常也是字符串）。这种替换在预编译时进行，称为宏展开。

　　应用程序也可以使用一种和宏类似的系统来允许用户将一系列操作（一般是最常使用的操作）自定义为一个步骤。也就是用户执行一系列操作，并且让应用程序来"记住"这些操作以及顺序。更高级的用户可以通过内建的宏编程来直接使用那些应用程序的功能。当使用一种不熟悉的宏语言来编程时，比较有效的方法就是记录用户希望得到的一连串操作，然后通过阅读应用程序记录下来的宏文件来理解宏命令的结构组成。

　　在数控中也有宏应用，其实就是用公式来加工零件的应用，如椭圆，如果没有宏，我们要逐点算出曲线上的点，然后慢慢用直线逼近。如果是表面粗糙度要求很高的工件，那么需要计算很多的点，可是应用了宏后，把椭圆公式输入到系统中，给出 Z 坐标并且每次加 10μm，那么宏就会自动算出 X 坐标并且进行切削。实际上宏在程序中主要起到运算作用。

　　在安川机器人编程过程中，使用宏命令可以把作业程序的内容，作为一个命令登录，如图 5-46 所示。

　　宏命令功能在安川机器人编程使用中对应客户的系统，可以自由做成机器人语言，以一个命令作为宏程序进行登录、记载。

　　宏命令功能的特点如下：

　　1）使用宏命令功能制作的命令，作为宏命令登录。

　　2）宏命令与普通命令一样使用，也可在宏命令后面带附加项。

3）可以设定宏命令中断后的后续处理。

4）如果宏命令执行过程中中断，再启动时要从宏命令开头执行。

5）宏命令功能只在管理模式有效。

宏命令功能的执行流程和具体步骤如图 5-47 所示。

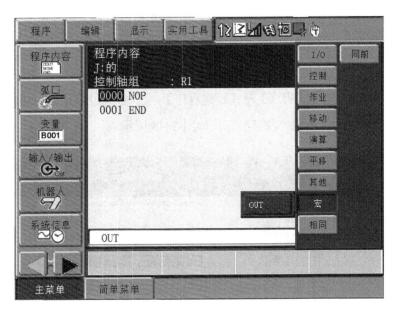

图 5-46

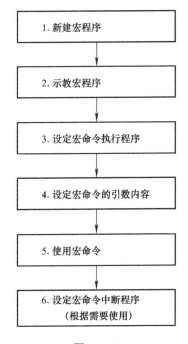

图 5-47

宏程序使用的方式有以下三种类型：

（1）机器人宏程序（指定控制轴组）　宏程序命令内可以登录移动命令，作为机器人宏程序，已做成的宏程序命令仅在相同控制组构成的程序里使用。

注意 R2 的程序，在 R1 所构成的宏程序里无法执行。

（2）机器人宏程序（没有控制轴组）　宏程序可在所有机器人程序里通用，控制组在没有设定的情况下无法登录移动命令。

（3）并行宏程序　使用宏程序时，在控制轴组没有被设定的情况下无法登录移动命令。

若要新建宏程序，选择【程序】－【新建程序】，"程序类型"选择"机器人宏程序"，"轴组设定"设定为"R1"或"没有组"，如图 5-48 所示。

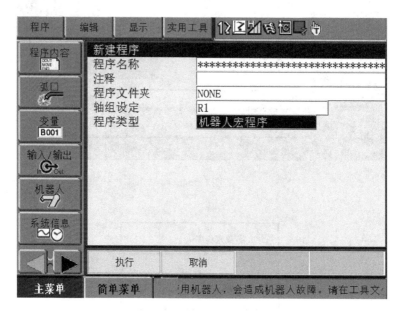

图　5-48

示教宏程序与通常程序的示教方法一样。宏命令最多可附加 16 个引数附加项，这些引数附加项的数据保存在局部变量中，所以在示教宏程序前要预先在程序标题界面设定局部变量的个数。

GETARG LB000 IARG#(1)　　　　1 号的引数数据保存在局部变量 LB000 中

　　　　局部变量 引数的序号

程序举例如图 5-49 所示。

宏程序的编辑步骤如下：选择主菜单【程序】－【选择宏程序】，在宏程序列表界面选择要编辑的宏程序，宏程序的编辑操作与普通程序完全一样，如图 5-50 所示。

图 5-49

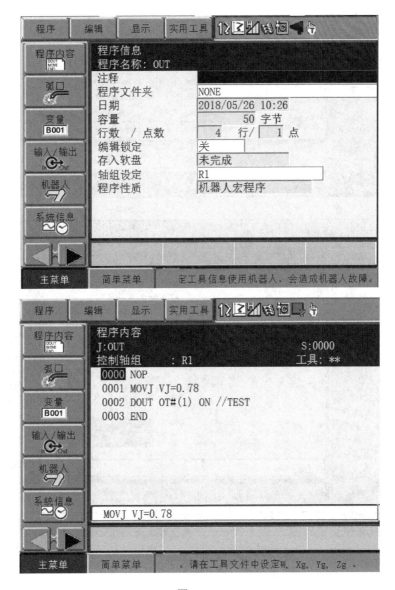

图 5-50

设定宏命令执行程序,把新建的宏程序作为宏命令登录,选择主菜单【设置】-【宏命令】,选择相应的宏命令序号,把光标移至相应宏命令序号的【执行程序】处,选择【登录宏程序】,在宏程序一览界面选择宏命令的执行程序,如图 5-51 所示。

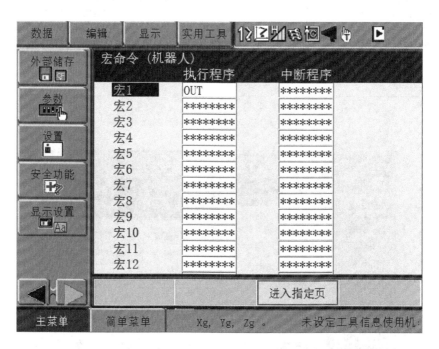

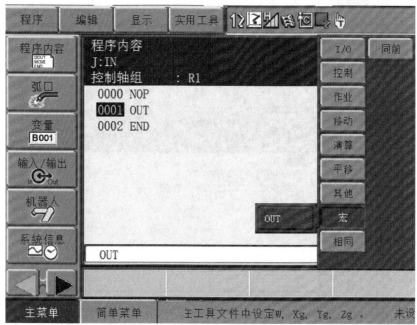

图 5-51

设定宏命令的引数内容,把光标移至宏命令序号位置(如图5-51中的宏1),按【选择】键,显示宏命令引数定义界面。引数定义界面由两部分组成，通过翻页键切换，如图 5-52 所示。

图 5-52

图 5-52 引数定义界面解析如下：

① 引数号码：每个宏命令可以设定 16 个引数，把光标移至相应引数的位置按【选择】键，在对话框中选择"使用"或"未使用"。选择"未使用"时，显示为"———"。

② 注释 1：设定引数内容的注释。设定的注释内容可以在宏命令的详细编辑界面，作

为引数内容的注释显示。

③ 数据类型：设定引数的数据类型，可以设定为字节型 B、整数型 I、双精度型 D、实数型 R 的常数及变量，机器人轴、基座轴、工装轴的位置型变量 P 以及示教位置。

④ 注释 2：设定引数数据的输入单位注释。设定的注释内容可以在宏命令的详细编辑界面，作为引数输入单位的注释显示。

⑤ 显示状况：设定引数附加项是否在程序中显示。如果设定为"开"，在程序中按照⑥表示中的设定内容显示。如果③数据类型为示教位置，即使设定为"开"，也不会在程序中显示。

⑥ 表示：设定引数附加项在程序中的表现形式。

宏命令的使用：在机器人程序中使用宏命令时，与通常命令的使用是一样的。选择【命令一览】键，可看见"宏"的显示，选择"宏"，在列表中选择要使用的宏命令。在此命令的详细编辑界面，会显示"设定宏命令的引数内容"设定的引数附加项，如图 5-53 所示。

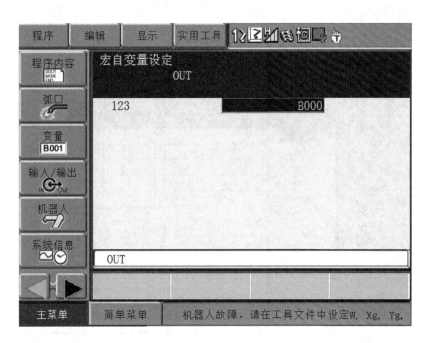

图 5-53

设定宏命令中断程序：如果宏命令中断时需要有后续处理，可把需处理的内容设定为中断宏程序。如果宏命令设定了中断宏程序，此宏命令在执行过程中不管由于什么原因（暂停、急停、切换模式等）中断，都会强制执行设定的中断宏程序。

图 5-53 的引数定义界面设置如图 5-54 所示。

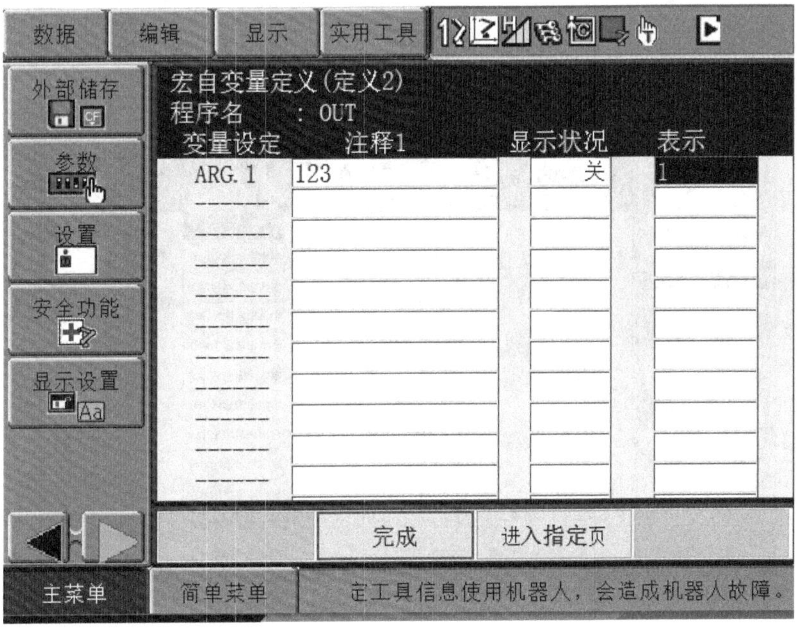

图 5-54

在机器人宏程序命令的中断宏程序中，因没有控制轴组，仅可登录到已做成的宏程序命令，如图 5-55 所示。

在宏程序命令设置界面上，把光标移到要设置的【中断程序】处，按【选择】键，显示选择对话框。选择【登录宏程序】时，显示程序名称界面。选择要设置的宏程序，已选择的宏程序作为中断宏程序被登录，如图 5-56 所示。

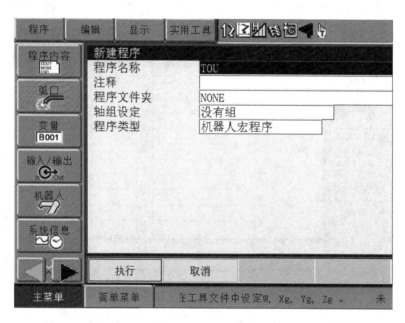

图 5-55

图 5-56

在中断宏程序中，如以下示教为死循环，启动显示灯一直亮的状态下，无法进行所有相关的操作，请不要做成此类的程序。程序举例：

0000 NOP

0001 *LOOP

0002 DOUT OT#(1) OFF

0003 AOUT AO#(1) 10.00

0004 JUMP *LOOP IF IN#(1)=ON

0005 END

宏程序中，JUMP、CALL、PSTART 等执行命令不能登录。中断宏程序中，TIMER 命令、WAIT 命令不被执行。总体来说，宏程序就是将多个 INFORM 封装作为一个命令制作、登录并执行。作为作业程序，可将做成的内容作为一个命令制作、登录并执行。

5.4 安川机器人常用的小功能

本节主要介绍在编程中常用的小功能，从而为我们提供便利。

5.4.1 可名称指定功能

可名称指定功能指的是信号名称/变量名称别名功能，是指代替 I/O 信号编号和变量编号，将登录过的名称在 JOB 内容界面中显示的功能。一直以来，将作为编号指定的 I/O 信号以及变量设置为可名称指定，从而提高了机器人动作程序的可视性。未使用可名称指定功能的程序如图 5-57 所示。

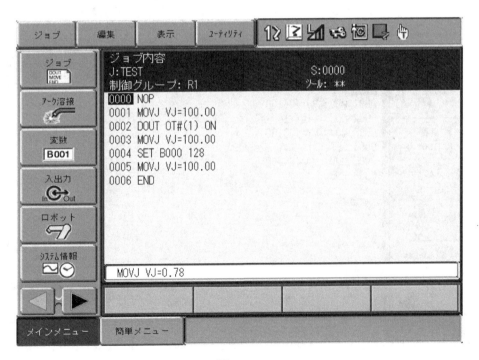

图 5-57

将 OUT#(1) 和 B000 换名称，操作如图 5-58 所示。

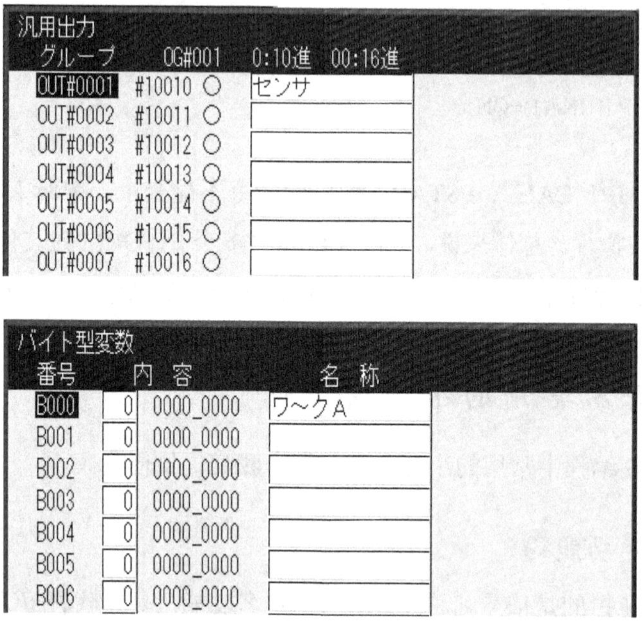

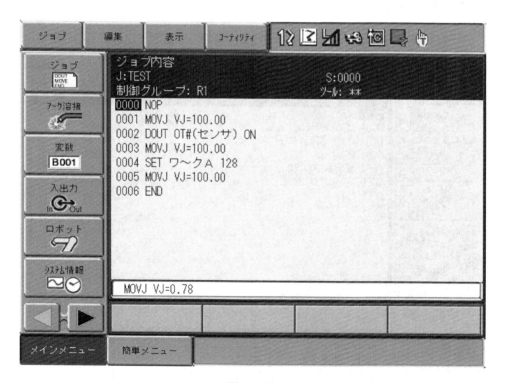

图　5-58

改变名称后，显示程序如图 5-59 所示。

图　5-59

可名称指定功能大大提高了程序可视性，无论是编程还是后期修改，均提供了便利。

5.4.2 节能功能

节能功能是指机器人停止 1min（可变更）以上时，自动进行伺服 OFF 的功能。1 天 16h 运行中，机器人运行 13h，待机 3h 时，节能效果约为 20%，如图 5-60 所示。

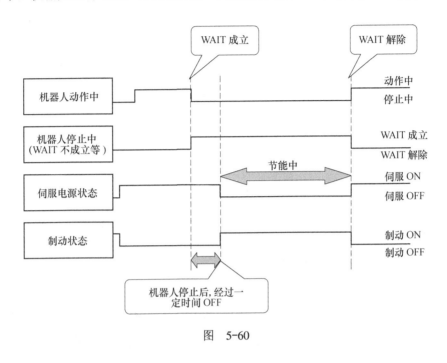

图 5-60

5.4.3 信号输出定时指定功能

信号输出定时指定功能是根据添加移动命令 +DOUT/+PULSE、调整移动命令的目标位置（示教位置），作为基准要求的距离或者时间的信号输出时机的功能，一般用于：

1）距离设定为【0】，实际的机器人控制点（反馈位置）经过目标位置的同时可以进行信号输出。

2）根据 I/O 控制的机器（阀以及气缸等）的反应延迟时间，可以更容易地调整信号输出时机。

程序举例如图 5-61 所示。

```
NOP
MOVJ ①
MOVL +DOUT OT#(x) ON ADJD=-10.0  or  ADJT=-1.00 ②
MOVL ③
END
```

图 5-61

程序解析如图 5-62 所示。

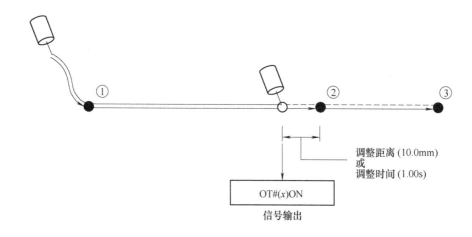

调整距离 (10.0mm)
或
调整时间 (1.00s)

OT#(x)ON

信号输出

目标位置作为基准，可以调整信号的先行输出（前方）

图 5-62

5.4.4 程序行注释功能

程序行注释功能是指程序内的命令在行单位进行注释，可从执行对象去掉，方便在两种不同情况下的对比。行注释的程序行不执行，一般试运行检查程序时使用。

行注释前程序及行注释后程序对比如图5-63所示。行注释后，不运行延时1s的程序行。

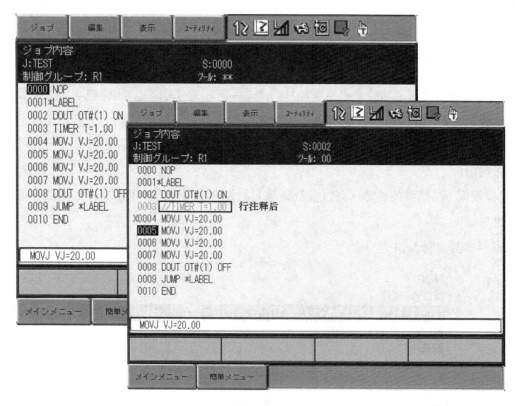

图 5-63

5.5 安川机器人视觉功能

工业视觉系统是用于自动检验、工件加工和装配自动化以及生产过程的控制和监视的图像识别机器。其视觉传感器是整个机器视觉系统信息的直接来源，主要由一个或者两个图形传感器组成，有时还要配以光投射器及其他辅助设备。视觉传感器的主要功能是获取足够的机器视觉系统要处理的最原始图像。

现在使用最多的是集成式机器视觉系统，也称为智能相机，它集图像采集、处理与通信功能于一身，提供了具有多功能、模块化、高可靠性、易于实现的机器视觉解决方案。同时，由于应用了最新的 DSP（数字处理器）、FPGA（嵌入系统）及大容量存储技术，其智能化程度不断提高，可满足多种机器视觉应用的需求。

安川机器人视觉功能就是通过对镜头输入的界面数据进行解析，可以瞬间检测判断出作业对象的有无和位置偏差。根据解析出的数据，修正安川机器人的位置。

1. 视觉系统的优点及应用

下面以 MotoSight2D 为例来介绍。MotoSight2D 是指包括相机在内的 2D 视觉系统，通过安川自己的软件可从 PP（显示器）上对视觉进行操作，其系统结构如图 5-64 所示。

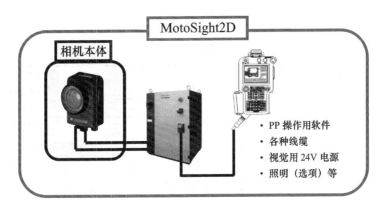

图 5-64

（1）MotoSight2D 的优点

1）可利用安川自己的软件使用示教器来操作视觉系统，通过机器人示教器完成视觉功能的操作，可提高操作效率。

2）周边设备可内置到控制柜内，节省空间和配线，节约不必要的成本。

3）有三种模块可供选择，以满足各种要求，通用性强。

4）采用的是 COGNEX 相机，故障率低。

5）通过机器人的指示命令，可以简单控制界面处理装置。

6）通过视觉识别工件位置进行作业，可以简化定位工装，不需要大规模设备，进而可以削减设备投资。另外，可以灵活应对品种追加。

（2）MotoSight2D 的应用场所　MotoSight2D 应用于铝铸件（发动机壳体等），获取托盘上的工件位置，如图 5-65 所示。其配置见表 5-5。

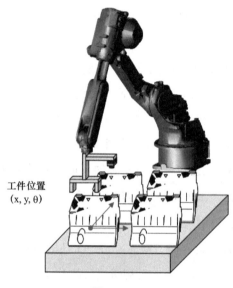

工件位置
(x, y, θ)

图　5-65

表　5-5

产　品		MotoSight2D（标准模块）
最小机器构成	相机、线缆	一组
	图像处理单元	相机内置
	其他周边设备	无（相机电源内置到控制柜内）
	设置用接口	PC/ 示教器
	示教器操作功能	标配

2. 视觉功能处理

视觉功能处理概要如图 5-66 所示。

机器人处理部	VSTART 命令	视觉处理部
1. 给界面处理装置的监测指令 2. 视觉处理结束等待 3. 接收位置数据 4. 补正运算 5. 补正动作	VWAIT 命令	1. 界面获取 2. 工件位置检测 （各界面处理装置中的对照） 3. 机器人位置数据计算

图　5-66

如果是表5-6中厂家、机型的界面处理装置，那么通过 VSTART 命令可以实现 RS232C/Erthernet 通信控制。

表 5-6

厂　　家	机　　型
OMRON	F210、F250、FZ3
COGNEX	In-sight 系列
KEYENCE	CV-3000、CV-5000
SHARP	IV-S210X

各厂家的界面处理装置中，备有各厂家的数种检测手段。基本上都是先登录作为基准的界面模式（模型），对准所取得的界面检索领域内的各位置，对模式匹配的程度进行调查，检测出对象位置。

安川机器人通常通过脉冲型数据（各轴电动机旋转脉冲量）记录动作用的位置数据，该脉冲型数据构成的 JOB（程序）称为标准 JOB。针对该标准 JOB，离开某一坐标系（基础坐标系和用户坐标系等）原点的X、Y、Z方向的位置数据构成的 JOB 称为相对 JOB。相对 JOB 由标准 JOB 转换而成，如图 5-67 所示。

标准 JOB（脉冲型位置数据）

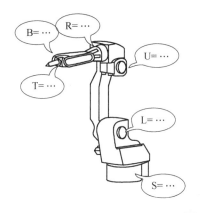

相对 JOB（X，Y，Z 型位置数据）

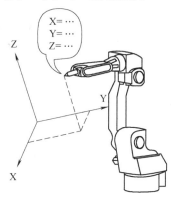

图 5-67

相对 JOB 本身的动作和标准 JOB 基本相同，不过相对 JOB 中，有相同动作可在别的坐标中移动的"相对 JOB 移动"这一便利功能。在用户坐标系的相对 JOB 中，对构成所使用的用户坐标系的定义点（坐标原点、X轴线、XY平面三点）进行变更，制作用户坐标，命令执行时可进行移动至变更后坐标的这一动作。另外，64 个坐标可作为用户坐标进行设定，因此通过指定设定过的用户坐标编号，可进行指定坐标系相对应的动作，如图 5-68 所示。

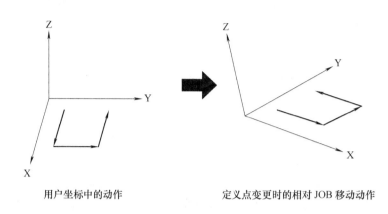

用户坐标中的动作　　　　　　　　　定义点变更时的相对 JOB 移动动作

图　5-68

3. 视觉系统案例

机器人配合视觉系统中，工件设定位置中有偏差产生时，通过使用由传感器检测的定义点三点（a、b、c）的位置偏差数据做成用户坐标，利用该做成的用户坐标系可执行 JOB。该处理在 PLAYBACK 中可自动执行，因此可自动补正工件偏差，如图 5-69 所示。

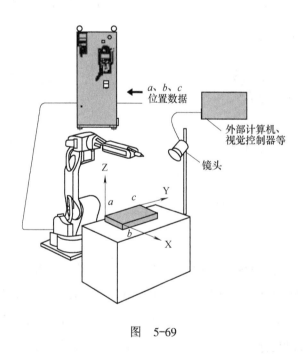

图　5-69

示教时的位置如图 5-70 所示。

程序举例解析如图 5-71 所示。

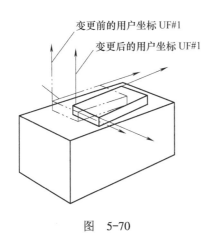

图 5-70

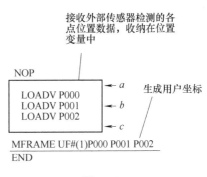

图 5-71

如何实时将 P000、P001、P002 置位呢？这时可能会用到一款软件——MotoPlus。MotoPlus 是一个专业针对安川机器人的集成开发环境，利用 C++ 语言在 MotoPlusIDE 文本编辑器中编写代码，然后编译链接成可执行程序，安装到机器人控制柜中，可作为一个任务在机器人内执行。机器人通电后，储存在 CF 卡上的 MotoPlusAPI 应用程序，自动导入到机器人内存中，和系统程序同时执行。

MotoPlus 应用程序是以任务的形式启动的，一个应用程序可以是单任务的，也可以是多任务的；既可以同时启动，也可以在任务内单独调用。任务可以有多种状态、运行、睡眠、等待等。根据任务的不同，还可以设置不同的优先级。不同任务间可以通过信号或事件进行信息交互。

MotoPlus API 提供的功能包括任务控制、机器人控制、JOB 控制、IO 控制、网络通信控制、事件、串口通信控制等。通过这些功能，可以通过视觉传感器或其他传感器的数据动态调整机器人的位置，通过网络通信实现机器人与外部 PC 的数据传输或者机器人程序的顺序控制。

MotoPlus 具有以下特点：

1）执行速度快。应用程序嵌入机器人系统中，就像 CPU 上的原生代码，所以执行速度很快。

2）减少硬件配置。通过 MotoPlus 提供的网络通信端口和 RS232 串口通信端口，用户可以直接建立机器人与外部传感器的连接，与传统的 Motocom32 通信方式相比，减少了一台计算机的配置。

3）用户不需要了解机器人内部的原理或代码，就可以把自己编写的程序嵌入机器人内，方便实现外部设备与机器人的数据交互。

4）编程简单。使用 C 语言丰富的标准库以及 MotoPlus 提供的 API 函数集，不需要调整机器人控制柜的源代码便可开发出各种应用程序。其软件的开发环境如图 5-72 所示。

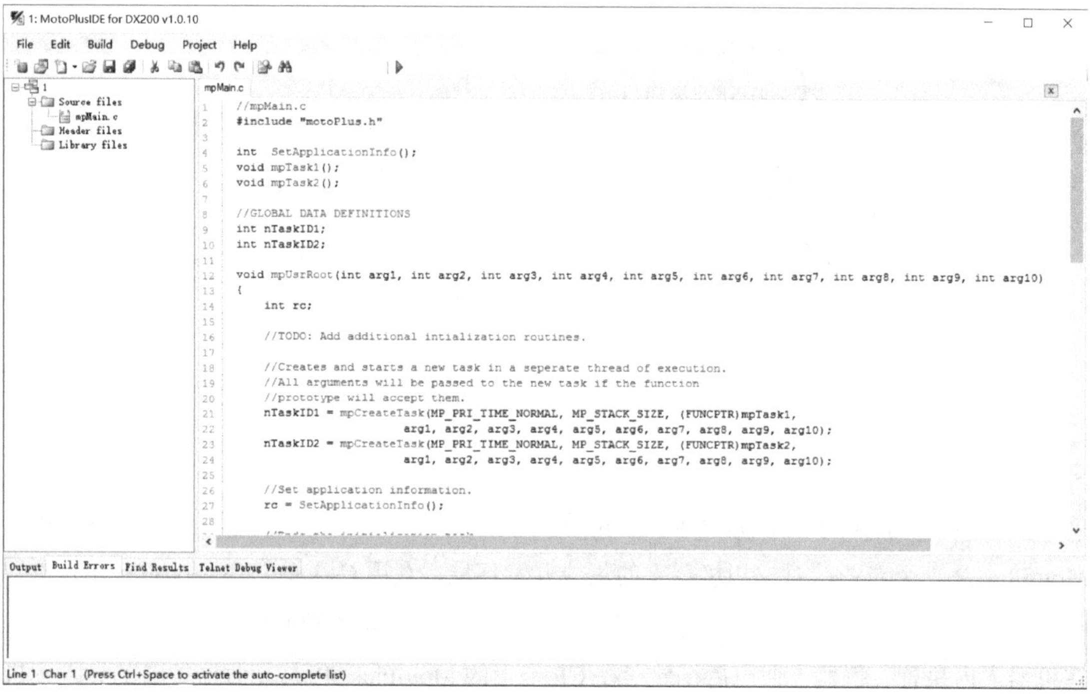

图 5-72

如读取机器人变量的函数：

LONG mpGetVarData（MP_VAR_INFO* sData, LONG * rData, LONG num）

参数说明：

① sData：指向变量数据结构的指针。

② rData：指向变量数据的指针。

③ num：变量数据的个数返回值。0 为正常结束；−1 为错误。

视觉的数据怎么提供给机器人呢？一般采用高速以太网通信，是以太网主机控制功能的扩充选项。因此，使用视觉功能时，应事先将以太网功能设成可使用的状态，其顺序图如图 5-73 所示。

图 5-73 顺序图解析如下：

1）执行从上位机到机器人 TCP 端口使用 80 号的插口连接。

2）从上位机发送开始要求。

3）针对上位机的开始要求，机器人回复开始应答。

4）从上位机发送指令。

5）针对上位机的指令，机器人回复指令应答。

6）（必要时）从上位机发送指令数据。

7）机器人回复应答。

8）从上位机释放插口。

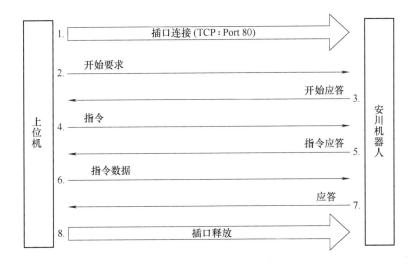

图　5-73

即便是在多工件、多机器人的系统中也可快速对应，如图 5-74 所示。

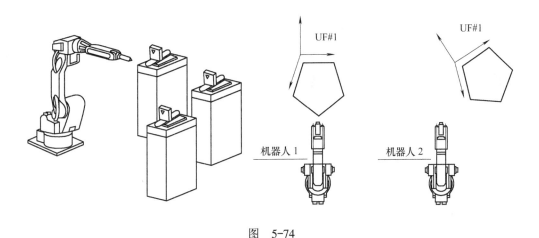

图　5-74

5.6　知识扩展与提升

1. 工具校准及装配要领

什么叫工具校准？安川机器人中工具校准也叫 TCP 校准，那么什么叫 TCP 呢？TCP 的全称是 Tool centre position，从字面可以理解为工具中心点。工具是独立于机器人的，由应用来确定。

　　无论是何种品牌的工业机器人，事先都定义了一个工具坐标系。将这个坐标系 XY 平面绑定在机器人第六轴的法兰盘平面上，坐标原点与法兰盘中心重合。显然，这时 TCP 就在法兰盘中心。

　　前面介绍的 TCP 是跟随机器人本体一起运动的，但是也可以将 TCP 定义为机器人本体以外静止的某个位置。常应用在涂胶上，胶罐喷嘴静止不动，机器人抓取工件移动，其本质是一个工件坐标系。

　　为什么要进行工具校准呢？有了工具中心点，在实际应用中示教就会方便很多。可以以 TCP 为原点建立一个空间直角坐标系。当用工具坐标进行示教时，就可以按照定义的坐标方向进行移动，并且很精准地找到要去的位置点，这样就大大降低了示教难度。

　　有了工具坐标系后，机器人的控制点也转移到了工具的尖端点上，这样示教时可以利用控制点不变的操作方便地调整工具姿态，并可使插补运算时轨迹更为精确。所以，不管是什么机型的机器人，用于什么用途，只要安装的工具有个针端，在示教程序前务必要准确地建立工具坐标系。

　　进行工具校准时，工具坐标计算的方法及工具角度的计算方法如下：

　　（1）工具坐标的计算　　工具坐标 X、Y、Z 的位置计算是通过机器人 T 轴法兰面的倾斜及 T 轴的回转量自动算出的。图 5-75 所示为算出 Z 轴位置。

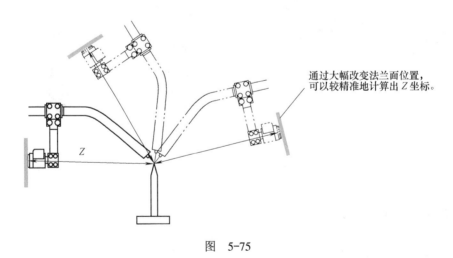

通过大幅改变法兰面位置，可以较精准地计算出 Z 坐标。

图　5-75

　　从 T 轴法兰面处看校准针端部图，算出 X、Y 轴坐标，如图 5-76 所示。

　　由图 5-75 及图 5-76 可知，在进行 TC1 ～ TC5 工具校准的示教时，通过大幅改变 T 轴法兰面，将 T 轴以每 90° 划分后回转，选取 4 个点即可较精准地计算出（X，Y）坐标。

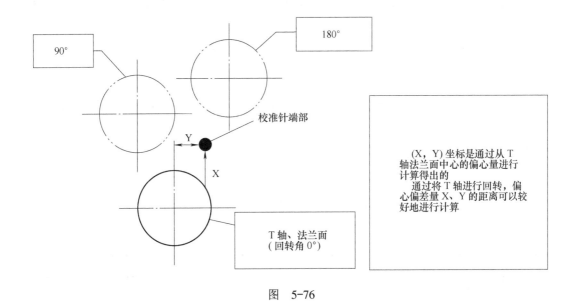

图 5-76

（2）工具角度的计算　工具角度可以通过工具校准中 TC1 的位置数据进行自动计算。但是默认状态下不会进行计算，所以需要更改面板参数，具体如下：

NX：S2C 334 0（初始值）→ 1or2

DX：S2C 432 0（初始值）→ 1or2（推荐值为 2，若设为 1，请参考下面叙述）

修改面板参数后，在工具校准 TC1（图 5-77 的姿势）进行示教。示教并选择"计算"后进行自动计算，改写工具信息。

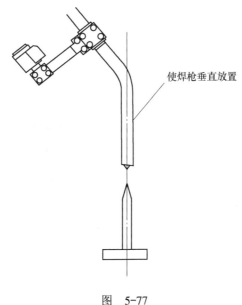

图　5-77

示教已经完成，在修改 JOB 或者新建 JOB 时，如果没有工具角度，可能导致无法使用工具坐标。

此时，若要计算工具角度，推荐将上述的面板值设定为"2"，当进行工件校准时，工件坐标（X，Y，Z）将被改写。

工具坐标被改写后，至今为止运作正常的插补动作会发生变化，可能会导致无法使用 JOB。

当发生上述情况时，将参数面板设定为"1"，仅计算工具角度，使至今为止保存的工具坐标（X，Y，Z）数据不会被改写。

参数面板设定值与自动计算的关系见表 5-7。

表 5-7

设定值	0：初始值	1	2
工具坐标计算	执行	不执行	执行
工具角度计算	不执行	执行	执行

其使用方法如下：调出相应的参数面板，记录当前值。然后将设定值变更为"1"，进行如图 5-77 所示 TC1 的示教。本次，TC2 ~ TC5 的数据并未用在计算中，但若没有示教，不会执行工具角度的计算，请适当改变机器人姿势⊖后进行示教。示教完成并选择"计算"后开始计算工具角度。

在工具坐标下使机器人进行动作，改变焊枪角度确认是否动作⊜，最后将之前修改的面板数值复原。

此种状态下，若改变焊枪等，会导致控制点变化，即使再次进行工具校准，工具坐标也会依然留存之前的数据，会导致机器人的插补动作异常，无法正常运动。

2. 总线通信（PLC 与安川机器人）

前文介绍了机器人总线通信，下面以机器人和其他设备之间使用 PROFINET 通信为例，为读者详细讲解如何使用安川机器人的总线通信。

PROFINET 由 PROFIBUS 国际组织（PROFIBUS International，PI）推出，是新一代基于工业以太网技术的自动化总线标准。作为一项战略性的技术创新，PROFINET 为自动化通信领域提供了一个完整的网络解决方案，囊括了诸如实时以太网、运动控制、分布式自动化、故障安全以及网络安全等当前自动化领域的热点话题，并且作为跨供应商的技术，可以完全兼容工业以太网和现有的现场总线（如 PROFIBUS）技术，保护现有投资。

⊖ TC1 ~ TC5 的数据，若不在相同姿势或位置进行示教，无法进行计算。
⊜ 若忘记将参数面板数值 1 复原，工具坐标（X，Y，Z）将无法进行计算。

（1）主站与机器人连接通信　以 CP1616 作为主站与机器人连接通信的要点如下：

1）测试用从站设备（西门子）ET200SP IM155-6PNHF、输入模块 DI16×24VDC ST-1、输出模块 DQ16×24VDC/0.5A ST-1，如图 5-78 所示。

图　5-78

2）主站用 CP1616 基板（型号为 6GK1161-6AA02），如图 5-79 所示。

图　5-79

3）博途用 V13SP1 以上版本，如图 5-80 所示。

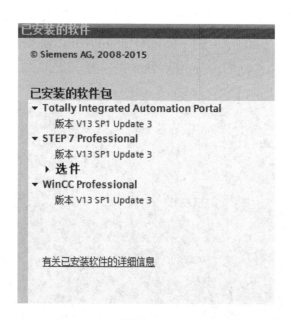

图 5-80

4）断电情况下，安装 CP1616 基板到机器人外部接口 1 处，如图 5-81 所示。

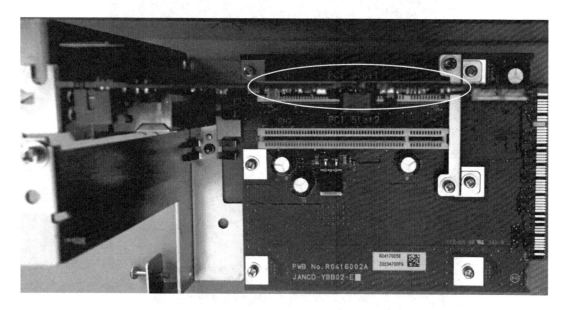

图 5-81

（2）机器人端的设置　机器人端的设置步骤如下：

1）重启机器人，按【主菜单】按钮进入维护模式，如图 5-82 所示。

2）设置中，选择【安全模式】输入密码，进入安全模式，选择【系统】，再选择【设置】，按下【回车】键，如图 5-83 所示。

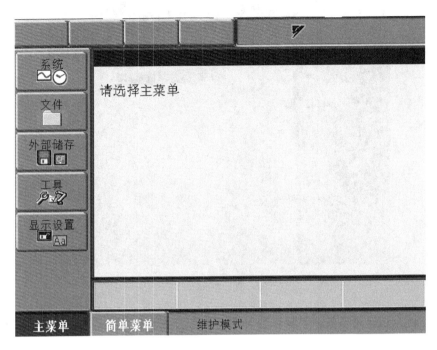

图　5-82

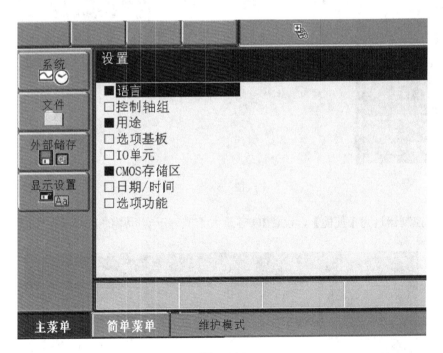

图　5-83

3）选择【选项基板】，按下【回车】键，选择插槽 #1【CP1616】，再按下【回车】键，如图 5-84 所示。

工业机器人编程高手教程

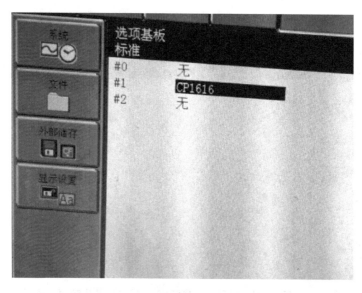

图 5-84

4）将 CP1616 设为【未使用】，进入【IO 控制器】详细设置，如图 5-85 所示。

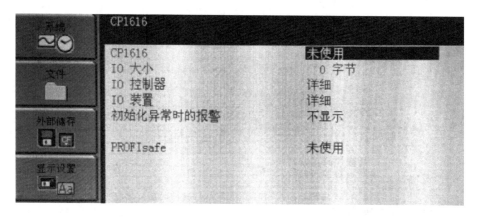

图 5-85

5）I/O 控制器选为【使能】，设置 IO 容量大于或等于实际用的 IO 点数，如图 5-86 所示。

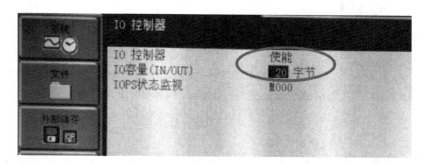

图 5-86

6）基板设置完毕后，按【回车】键，如图 5-87 所示。

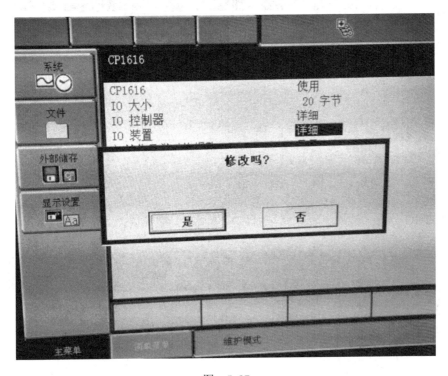

图 5-87

7）IO 单元映射修改完毕后，按【回车】键确认，如图 5-88 所示。

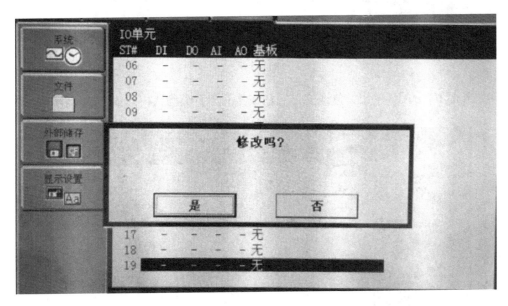

图 5-88

8）外部 IO 设置修改完毕后，按【回车】键确认，如图 5-89 所示。

图 5-89

9）外部 IO 分配（输入）修改完毕后，按【回车】键确认，如图 5-90 所示。

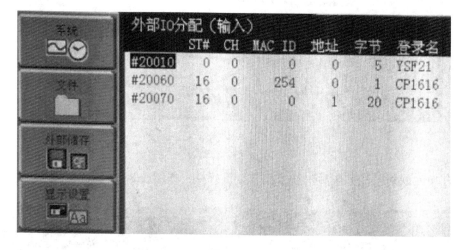

图 5-90

10）外部 IO 分配（输出）修改完毕后，按【回车】键确认，如图 5-91 所示。

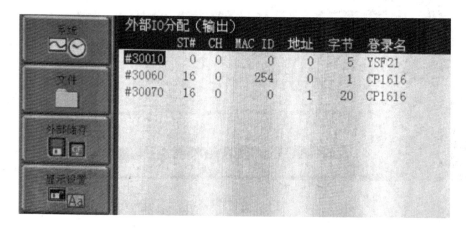

图 5-91

11）设置完毕后，如图 5-92 所示。

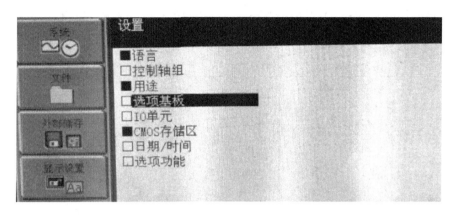

图　5-92

12）选择【文件】，再选择【初始化】，机械安全基板 FLASH 数据复位，如图 5-93 所示。

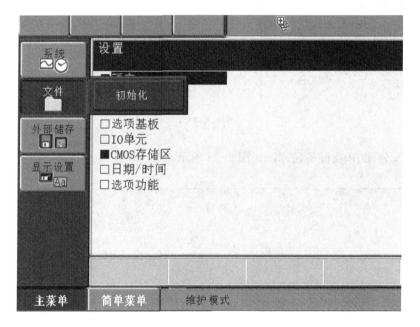

图　5-93

13）光标选择【机械安全基板 FLASH 数据复位】，按下【回车】键。选择【是】后，断电后再启动即可，如图 5-94 所示。

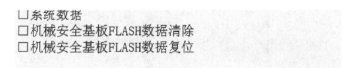

图　5-94

第 5 章　安川机器人编程进阶

（3）西门子设备端设置　西门子设备端设置步骤如下：

1）机器人正常通电后，打开博途 V13，通过在线访问连接基板，如图 5-95 所示。

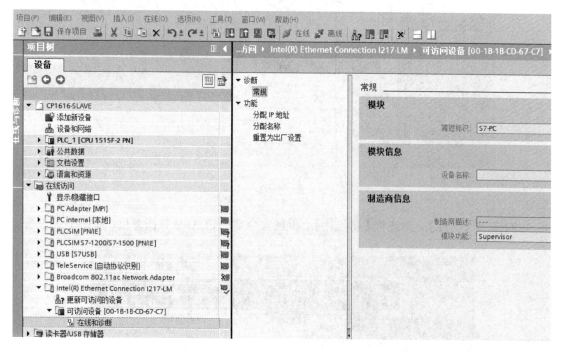

图　5-95

2）给基板分配 IP 及设备名称，如图 5-96 所示。

图　5-96

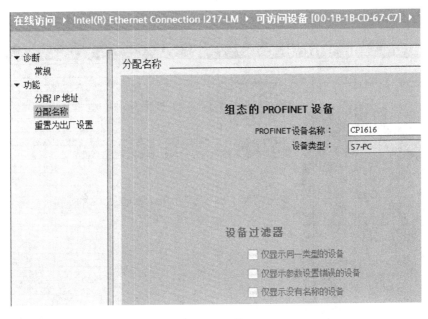

图 5-96（续）

3）单击【更新可访问的设备】后出现【固件更新】选项，如图 5-97 所示。

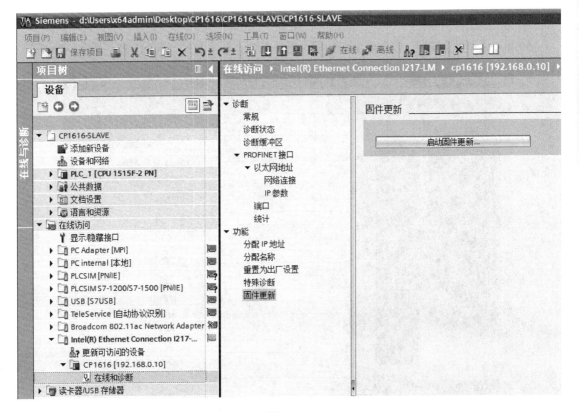

图 5-97

4）单击【启动固件更新】按钮，出现图 5-98 所示对话框，单击【下一步】按钮。

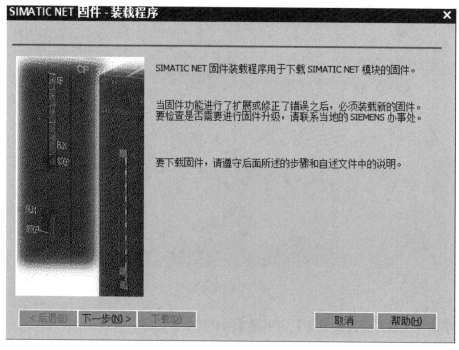

图　5-98

5）单击【浏览】按钮，选择要更新的固件版本信息；单击【下一步】按钮，如图 5-99 所示。

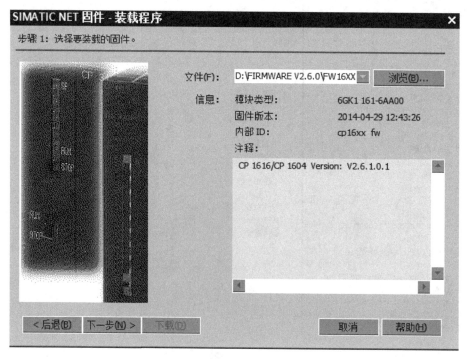

图　5-99

6）勾选【IP 协议】，输入 IP 地址：192.168.0.10；单击【下一步】按钮，如图 5-100 所示。

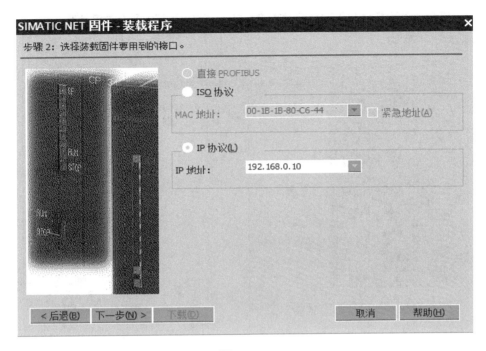

图　5-100

7）选择正确的网络适配器的连接，单击【下一步】按钮，如图 5-101 所示。

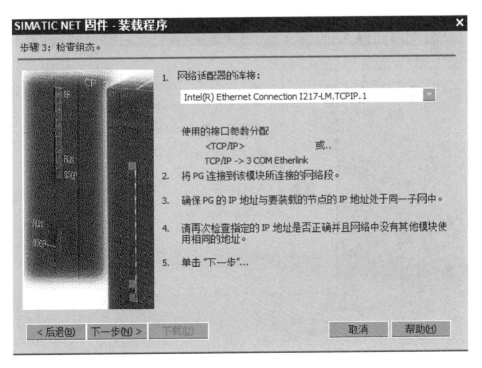

图　5-101

8）单击【下载】按钮，如图 5-102 所示。

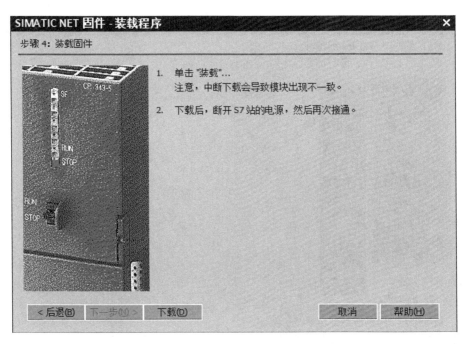

图　5-102

9）固件开始下载更新，固件下载更新完毕后单击【确定】按钮；关闭该窗口，如图 5-103 所示。

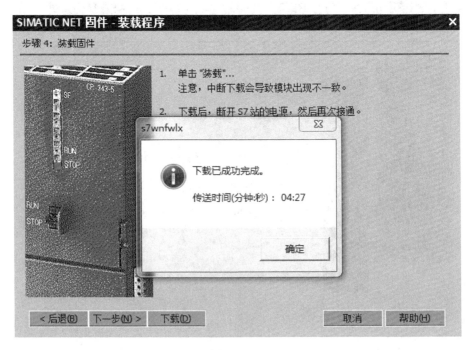

图　5-103

通过浏览器直接访问基板 IP，可看到基板的最新版本信息，如图 5-104 所示。

（4）在博途中组态 CP1616 基板

1）组态 CP1616 基板如图 5-105 所示。

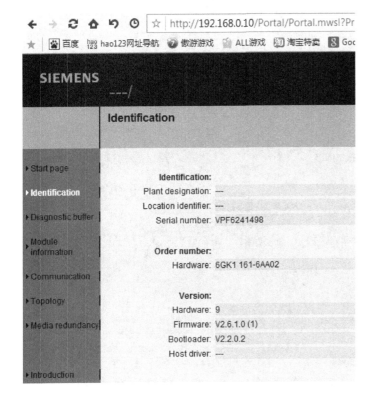

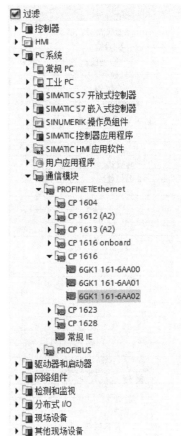

图　5-104　　　　　　　　　　　　图　5-105

2）设置基板的 IP 地址及设备名称与实际相符，如图 5-106 所示。

3）设置从站的 IP 地址及设备名称与实际相符，如图 5-107 所示。

4）组态 IO 模块，分配 IO 地址，如图 5-108 所示。

5）网络组态完毕，机器人在维护模式下，直接下载即可，如图 5-109 所示。

6）下载组态前检查，单击【下载】按钮，如图 5-110 所示。

7）装载组态过程中，装载完毕后，如图 5-111 所示。

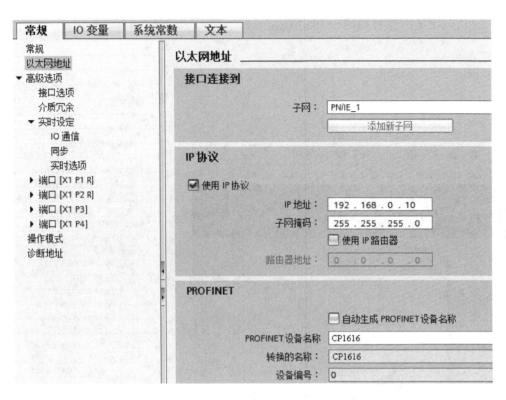

图　5-106

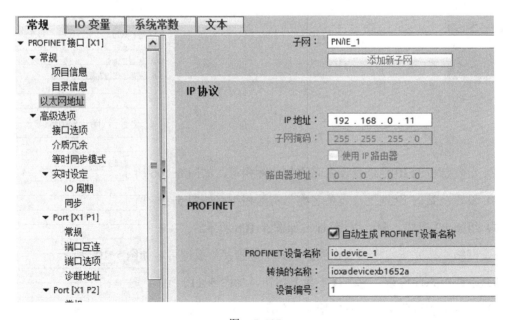

图　5-107

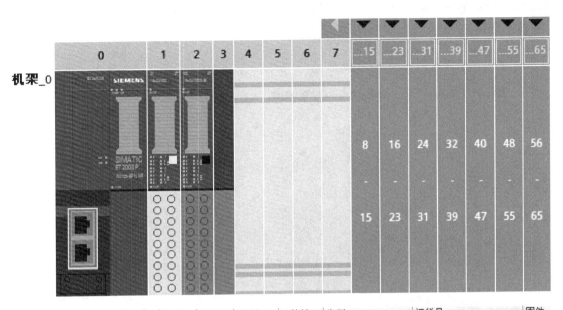

模块	...	机架	插槽	I 地址	Q 地址	类型	订货号	固件
▼ IO device_1		0	0	32759*		IM 155-6 PN HF	6ES7 155-6AU00-0CN0	V3.1
▶ PROFINET接口		0	0 X1	32758*		PROFINET接口		
DI 16x24VDC ST_1		0	1	0...1		DI 16x24VDC ST	6ES7 131-6BH00-0BA0	V1.0
DQ 16x24VDC/0.5A ST_1		0	2		0...1	DQ 16x24VDC/0.5...	6ES7 132-6BH00-0BA0	V1.0
服务器模块_1		0	3	32755*		服务器模块	6ES7 193-6PA00-0AA0	V1.0

图 5-108

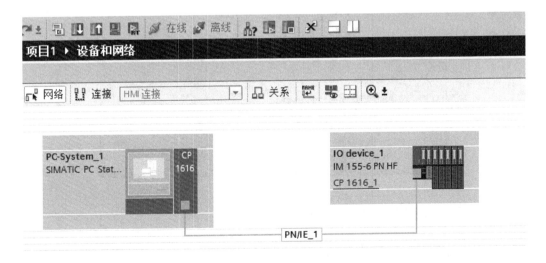

图 5-109

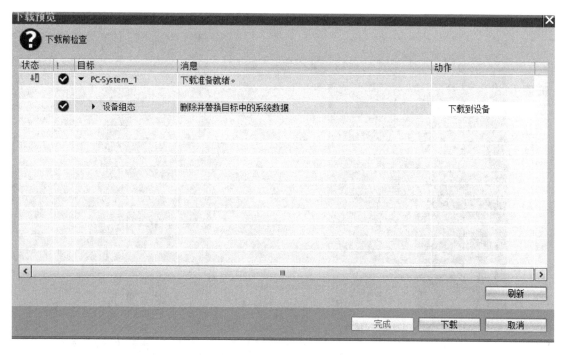

图 5-110

图 5-111

机器人和西门子设备设置完成，测试 I/O 可正常通信即可，如图 5-112 所示。

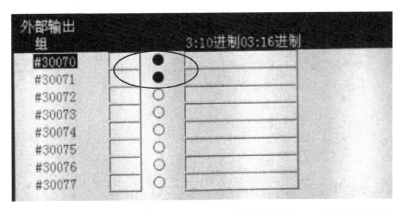

图 5-112

安川机器人的外部 I/O 分为以下两类：

1）本地 I/O：20010 ~ 20057，30010 ~ 30057。

2）远程总线 I/O：20060 ~ 21287，30060 ~ 31287。

其中，20060 ~ 20067、30060 ~ 30067 为通信专用；20070 ~ 21287、30070 ~ 31287 作为 I/O 使用。

第 5 章 安川机器人编程进阶

第 6 章
程序的优化

市 章目标

★ 掌握写程序的技巧；

★ 学会优化程序。

6.1 安川程序优化概述

程序优化是指对解决同一个问题的几个不同程序，进行比较、修改、调整或重新编写，把一般程序变换为语句最少、占用内存量最少、处理速度最快、外部设备每分钟使用效率高的最优程序。

优化前需要问几个问题：为什么要优化？优化的目标是什么？哪些部分需要优化？能够接受由此带来的可能的资源消耗（人力、维护、空间等）吗？

程序优化有三个层级：

一级优化是很多人经过努力就能够达到的层次，需要的只是不断地积累各方面的技巧（虽然很烦琐），写出的程序可以称为"好的程序"。

要掌握二级优化，需要的是对问题的理解能力和一些创造力，能够针对问题产生新的见解，写出的程序可以称为"优秀的程序"。

要掌握三级优化，必须具有丰富的想象力和创造力，需要大量的修炼和对问题本质的苦苦思索，写出的程序可以称为"非凡的程序"。

能够将这三个层级的优化熟练运用的人必须掌握比别人更多的知识，了解更多的知识领域，了解最底层的技术和最高层的抽象，并且还要求有丰富的实践经验、想象能力和创造能力，这些都是不可或缺的。

在多机器人、多设备的情况下更需要优化，如图 6-1 所示。

在多机器人、多设备的情况下，首先应考虑的是协调和独立。每个机器人都是独立的个体，但是很多时候需要多机器人合作完成碰撞问题、轴组问题等。所以编写机器人程序需要考虑的不只是逻辑，还有路径。

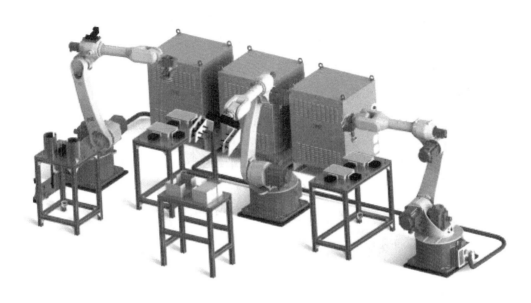

图 6-1

在安川机器人程序中，有运算，有逻辑，也有轨迹，所以程序优化就需要从以下三个方面进行：

1. 运算优化

能灵活使用简单的加减乘除运算，将频繁使用的作为宏，随时调用。

2. 逻辑优化

在编程做分支时尽可能地完善，使用预约启动、结构语言，以及预防不明跳转等。

3. 轨迹优化

两点之间直线最短，距离是优化的一部分，还有卡顿、平滑性问题，程序运行卡顿，大部分原因是缺少过渡点，不圆滑。

做程序优化，需要不断积累，每个人都有自己的思路编程和优化。一般来说，优化别人的程序需要从头到尾看明白整个程序以后才能做。

6.2 知识扩展与提升

经过前面的学习，下面进行简单的测试。

1）要使机器人能在空间内移动到任何位置，做任何姿势，最少需要（   ）个自由度。

    A. 5   B. 6   C. 7

2）使机器人运作需要四大要素，包括驱动器、伺服电动机、（   ）和机械臂（负载）。

A．减速机   B．促动器   C．惯性

3）探讨机械臂的负载时，必须考虑可搬运质量、力矩和（   ）这三个条件。

A．惯性力矩   B．抓手   C．工具

4）如图 6-2 所示，安川 MH12 机器人包含工件及抓手的质量，最大可以负载（   ）。

A．5.8kg   B．7.3kg   C．12kg

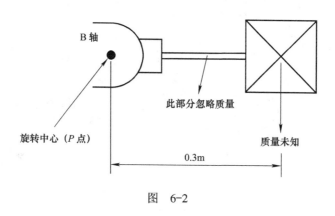

图　6-2

5）安川机器人具有高质量、高性能的理由中，不恰当的是（   ）。

A．接受国外著名生产商的优秀伺服技术的供应

B．使用本公司制造的高品质组件

C．拥有制造机器人所必需的生产技术

6）切断伺服电源使机械臂停止运作的是（   ）按钮。

A．开始   B．急停   C．暂停

7）示教作业时，应选择模式（   ）。

A．TEACH   B．PLAY   C．REMOTE

8）测试运行时按（   ）键。

A．转换   ＋   前进

B．联锁   ＋   前进

C．联锁   ＋   试运行

9）不切断伺服电源而要使机械臂停止运作是（   ）按钮。

A．开始   B．暂停   C．急停

10）用示教编程器进行轴操作时，使各轴独立动作的是（   ）。

A．直角坐标系   B．工具坐标系   C．关节坐标系

11）使机械臂进行直线动作的是（   ）命令。

A．MOVJ   B．MOVS   C．MOVL

学习总结

附 录

附 录 A 点检表

安川机器人设备日常维护规范

No	设备名称	保养等级	保养项目	保养涉及的部件或关注点	执行内容	注意事项	执行周期	执行人
1	安川机器人	一级保养（日常维护保养）	正确启动/停止机器人本体	稳压器、变压器、控制箱	先开启稳压器电源、变压器、控制箱电源，启动示教器	1）关闭电源按反向操作机器人电源 2）需要重启机器人电源时，必须等待5min以上	天/次	作业操作者
2			外部全体（机器人本体、稳压器、焊机、变压器、气管、电线电缆、标识	擦拭附着尘埃、异样（脱漆、变形）、油迹、泄漏等	目视、清扫、表层修复或者更换		天/次	作业操作者
3			刻度表示板	点检是否正确，是否有掉落污损	目视、清扫、修复		天/次	作业操作者
4			电压表、电流表、原点	落污损	目视、清扫、修复	开电的状态下执行指示清晰、准确	天/次	作业操作者
5			电缆、接地母线	落污损	确认接头的松紧、电缆线有无破损	禁止在工作中操作	天/次	作业操作者
6			混合气表、空气表		目视、清扫		天/次	作业操作者
7			本体紧固件	紧固件实现符合与管理	目视、紧固		天/次	作业操作者
8			电气按钮、开关、电箱	松脱、断线、失效	目视、手动测试	断电状态下执行	天/次	作业操作者
9			散热风扇（保持通风、清洁）碰撞传感器有效性能	擦拭附着尘埃、油迹、掉落污损	目视、清扫、修复	保持高性能效应	天/次	作业操作者
10			工装夹具／气管接头、紧固件等	漆、变形、异响等、油迹、脱落	目视、清扫、紧固、更换	关闭气体，禁止重锤、随意修补	天/次	作业操作者

制表　　审核　　确认

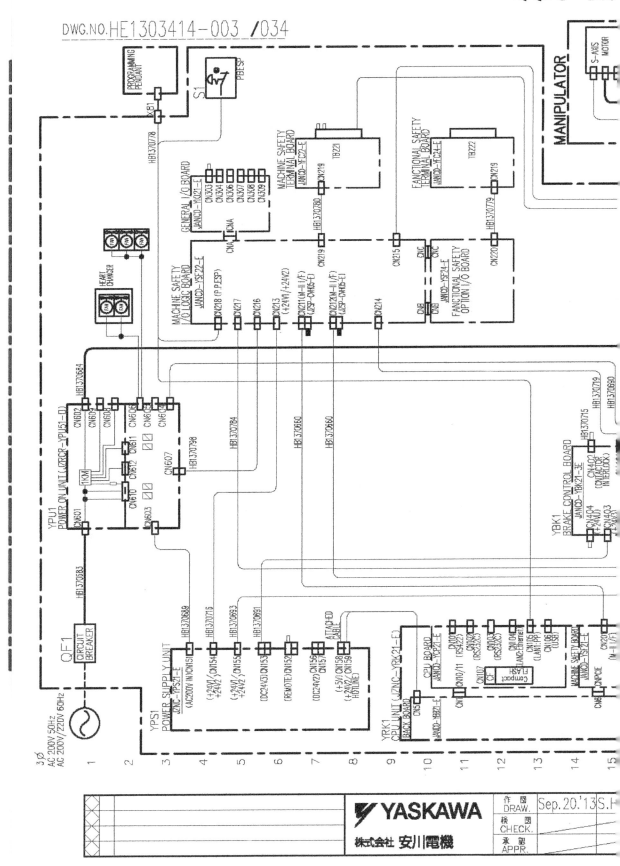

DWG.NO. HE1303414-003 /034

YASKAWA
株式会社 安川電機

			作図 DRAW.	Sep.20.'13	S.H
			検図 CHECK.		
			承認 APPR.		

200 电路总图

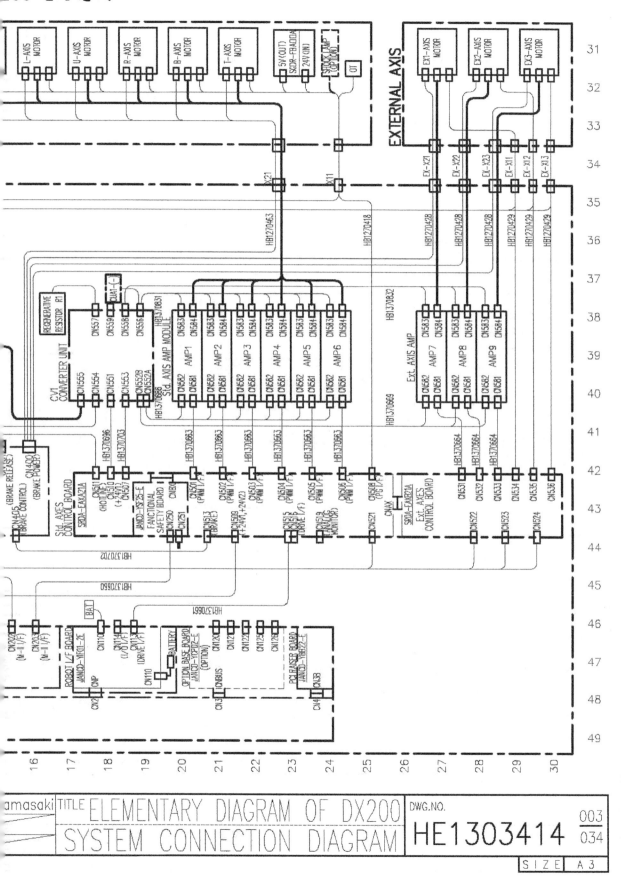

amasaki | TITLE: ELEMENTARY DIAGRAM OF DX200 SYSTEM CONNECTION DIAGRAM | DWG.NO. HE1303414 | 003/034 | SIZE A3